平凡社新書
868

イギリス肉食革命

胃袋から生まれた近代

越智敏之
OCHI TOSHIYUKI

HEIBONSHA

イギリス肉食革命●目次

はじめに

魚の次と言えば肉だろう。

前作の『魚で始まる世界史』の仕事を終えたあと、担当の編集者から、次は何をテーマに書くのかと尋ねられた。そのとき、料理の順番でも決めるかのように、そう思ったのだ。そうなると何も考えずに口に出してしまうところが筆者にはある。

「肉にします」。

それでこの仕事は始まった。

浅慮と言えば浅慮になる。ただ言い訳をさせてもらうと、肉食のイメージが強い西洋社会で、中世のころには宗教的な理由から魚食が思っていた以上に重要な役割を果たしていた、というのが前作の内容である。実際、彼らは一年に半分近くあった断食日に魚を食べて暮らしていたのだ。そのため、こんなところにまで影響があったのか、というほどに、西洋の歴史では漁業が重要な働きをした。都市同盟ハンザの盛衰にも、イギリスとオランダの確執にも、アメリカ植民地の成立にも、そしてアメリカ独立革命にも、背景で漁業が大きな要因として働いていた。

では現在の肉食のイメージはどうして生まれたのか、これは、前作を執筆している最中から何度も頭をよぎった疑問だった。その背景を理解することは、西洋の食の近代化を理解することにつながるだろう。

そしてもう一つ、頭に引っかかっていたことがあった。前作で引用したサミュエル・ピープスの台詞《せりふ》である。イングランドではヘンリー八世の時代より断食日の風習が廃《すた》れはじめ、漁業が低迷する。その状況を打開するために、歴代のイングランド政府は国民に強制的に魚を食わせようとした。チャールズ二世も同じで、断食日に魚を食わせようと法令を発布したのだが、ピープスはその効果に疑問を投げかけているのだ。「巷で噂になっているのは……（断食日である）四旬節《レント》が国王の布告通りの厳しさで守られるかどうか、ということだ。それは無理だろうと考えられている。というのも、貧乏なものたちが、魚を買うことができないからだ」（『サミュエル・ピープスの日記』）。

これは政府が自国の漁業保護のため、海外の海産物に高い関税をかけていたためでもあるのだが、私が引っかかっていたのは、それではその「貧乏なものたち」は何を食べていたのか、ということである。ピープスが実際にどのあたりの階層を指して「貧乏なものたち」と言っているのかは分からない。しかし国王の布告が骨抜きになる可能性があるほどその人数は多いと、「巷の噂」は考えたわけだ。だとすればこれは極貧のものたちだけのことではない。

イギリスをかじっているものなら、イングランド人は大肉喰らいだというイメージが十七世紀には生まれていたことは知っている。なんといってもローストビーフが名物というお国柄である。しかし筆者はなんとなく、それはある程度裕福な層の、贅《ぜい》を凝《こ》らした食卓でのことだと思っていた。幼いころに肉に飢えた時代を過ごした世代の悲しさかもしれない。「貧乏なものたち」までもが、魚を食う必要がないほど肉を食っていた可能性に、思い至りもしなかったのだ。そもそも、だとすればその肉はどこから来たというのか。

したがって浅慮から始まった仕事ではあるが、背景にしっかりとした動機がなかったわけではない。浅慮であったのは、このテーマを扱う以上、「近代」、あるいは「近代化」という巨大なテーマに、何らかの形で切り込まなければならないということに、ほとんど意識が回っていなかったことだ。

筆者は食にまつわることに興味を持っている。理想的には、一つの食品の生産から消費に至るまでの技術、政治、経済、宗教、社会、文化、そして当然料理術及び嗜好の変遷についての背景を、包括的に扱うことが望ましい。しかしその目的を、新書の規模ですべて達成するのは難しい。前作で魚をテーマにした時ですら、消費よりは生産に、そして技術や社会、文化的な側面よりは、政治、経済、宗教的な側面に重点を置いて執筆するしかなかった。「近代」という巨大なテーマに切り込む以上、肉についてはこの態度をずっと徹底しなければ、とてもではないが書ききれるものではない。この仕事に手をつけてしばらくしてから、ようやくその当たり前のことを思い知らされたのだ。

本書では十六世紀にイングランドで始まった食事情の大変動を漠然と指して、「肉食革命」という言葉を用いている。この現象はさまざまな領域での変動のうえに成り立ち、またさまざまな領域に影響を与えたはずだ。たとえばこの現象の一つの大きな発端は、食の世界が宗教的な制約から解き放たれたことにあった。しかしピープスの台詞からもうかがえるように、その後も長期間にわたってイングランドでは魚介の取引量は低調に推移し、代わりに食肉の取引量が増加していく。それだけ変動が長期にわたって持続した以上、宗教的な制約に対する反動という以上の要因が消費者の側にあったはずである。それは経済的なものであったかもしれないし、社会的なものであったかもしれない。さまざまな力が複合して、消費者を肉食へと向かわせたはずだ。

そしてこの事象は政治の領域とも関連していたはずだ。魚介の国内市場が低調に推移した理由の一つとして、政府主導の保護貿易があったことはすでに触れた。しかしそれだけのことではないだろう。食肉生産は基本的には海外で行われる漁業とは違って、国際政治と結びつくことはほとんどなかった。十七世紀、十八世紀には、食肉の需要の増大にイギリスはほとんど国内のみで対応したのだ。つまり一定の面積における食肉の生産性が大きく上昇しなければ不可能だったわけで、そのことは農地や牧草地の所有者の、国内での政治的、経済的地位を相対的に上昇させただろう。

さらにはより多くの肉を求めるといった食の嗜好の変化は、文化に大きな影響を及ぼした可能性がある。もともと肉は宗教的に魚と対比されていた。断食日に食べる魚の聖性、魂にとっての健全性に対して、肉は世俗の悦びであり、富の象徴として堕落を招く可能性を有していた。「肉食革命」とはその魚の聖性が顧みられなくなり、肉の世俗性ばかりが求められるようになった現象である。そのことが文化に影響を与えないわけがない。

アイザック・ウォルトンの『釣魚大全』にはそうした時代の雰囲気への反発がうかがえる。そもそも肉食への欲求が高まった時代に、魚を釣ってはその魚のレシピを紹介し、その魚料理の素晴らしさを滔々《とうとう》と語るのだ。数寄者《すきしや》というよりは反骨精神の塊と言ったほうがいい。また十七世紀は、現代のヴェジタリアニズムにつながる萌芽が現れた時代でもあった。派手な放蕩生活から一転して隠遁生活に入り、肉も魚も断って、青草とオイルとマスタードと蜂蜜と水だけの生活を送ったトマス・ブッシェル。その彼のもとを訪れ、後に

『アケーターリア――サラダの論文』を執筆したジョン・イーヴリン。これらはみな、この食事情の大変動のなかで文化の領域に現れた反動の一例である。

そして当然、「肉食革命」は味覚や料理術にも変化をもたらした。チューダー朝までの肉料理のレシピは素材の味も分からなくなるほどのスパイスを投入した。これはスパイスが富の象徴であったこともあるのだが、同時に肉の味がその程度の代物だったということでもあるだろう。「肉食革命」が進行するにつれて、味付けは素材の味を生かしたものへと変化していく。肉そのものの質がそうした料理術の変化に見合うものへと改善されたのだ。

しかし本書ではこの食事情の大変動を、生産者側、つまり牧畜業のなかで起こった変化を通して眺めていきたい。数ある視点のなかからこの視点を選択した理由は、きわめて個人的なものである。前述したとおり、筆者は肉に飢えた幼少期を過ごした。小学校三年生の時に大叔母がお土産として持ってきてくれたステーキを今でも覚えている。あの頃は「ビフテキ」と呼んでいた。筆者の記憶に焼き付いているのは、その味よりもその塊の存在感である。それまで肉と言えば薄いものだと思い込んでいたのだ。そうした筆者にしてみれば、肉が確かにそこにあることをまず確認しなければ、とてもではないが落ち着いて消費者側の問題にとりかかれないのである。

だが視点をそう限ったところで、「近代」の問題に切り込む以上、本書の内容は複雑にならざるをえない。そこでここである程度あらましを説明しておきたい。

まず第一章では「肉食革命」以前に肉食にかけられていた制約を確認しておきたい。当然のことだが、「肉食革命」は牧畜業の近代化を促し、またその近代化のうえに成り立っている。この章ではそれ以前のイングランドの牧畜業の有様についても、簡単に説明しておく。

第二章からは話が複雑になる。牧畜業の近代化には、それが乗り越えていかなければならない障壁や、あるいはその近代化の前提として必要な社会的、技術的な条件の変化がある。まずはそのことを解説しておかなければ、本書の内容は理解しにくいものとなるだろう。それらの解説に第二章から第四章までの三章を割いた。

「肉食革命」が牧畜業にもたらした近代化の内訳は、大きく分けて食肉生産のシステム化と品種改良技術の発展になる。もちろん実際にはこの二つは分かちがたく結びついている。そしていずれにせよ農地の囲い込みの進捗と、農業革命にまでつながる飼料作物の改善・充実が前提として必要だった。この二つについては第二章で解説する。

話を複雑にするのは品種改良である。当たり前のことではあるが、当時の人間は生命の秘密について、現代人のような科学的な知識は持ち合わせていなかった。そうした知識が確立するはるか以前から、意図的な品種改良は始まったのだ。だとすれば当時の農民は、いったいどういった理屈に基づいて動物の遺伝に関わるこの作業に携《たずさ》わったのか。もちろん無口な農民はその理屈について体系的な説明は残さない。そこで第三章では遺伝の問題について、当時の医学理論である体液理論とアリストテレスがどう説明しているかを紹介する。

だがこの体液理論は、遺伝という現象について説明しているものの、動物の形質を決定する要因として、遺伝よりも環境の影響を上位に位置づけているのだ。つまり環境の異なる他地域に優良な品種がいようとも、それを移植すれば数世代のうちにその品種は地元の品種と変わらなくなってしまう。これは体液理論に限らず、当時は現場の農民のあいだでも広く見られた迷信だった。品種改良の技術が発展するには、この迷信を乗り越える必要があった。逆に言えば、牧畜業の近代化の一側面は、環境よりも遺伝こそが動物の形質を決定する上位の要因であると、理論的な裏付けもなしに信念することにあった。

第四章では環境と遺伝のこのせめぎ合いを十七世紀の馬のブリーディングの現場で観察する。ほとんど記録を残さない農民たちに比べて、馬のブリーディングは社会の上流層のあいだで行われていたため、比較的資料が残っている。そして馬にしろ農業領域の畜類にしろ、そのブリーディングは同じ牧草地で行われていた。そのため、馬のブリーディングでの成功が、農業領域のブリーディングに大きな影響を与えた可能性がある。

第五章では、おそらく十六世紀にはじまり、そして十八世紀まで続いた羊の巨大化について扱う。「肉食革命」はその性質上、社会の上流層だけに限られた現象ではない。ピープスの言うところの「貧乏なものたち」のための安価な肉こそが、量的には重要だった。その安価な肉を供給したのが、もともとイングランドに大量にいた羊たちだった。飼料作物の改善に伴う一定の面積での飼育可能な頭数の上限の上昇と、羊たちの肉体に起こったこの変化が、その安価な肉を生み出したのだ。この現象の始まりについては定説があるわけではない。しかしこの現象のいずれかの時点で、イングランドの農業領域で初めての品種改良が始まった。

十八世紀の半ばに入るころまでには、イギリスの品種改良の技術はかなり洗練されたものへと進化する。第六章ではその洗練を可能とした食肉生産のシステムの変化と、その洗練を実現したブリーダーたちのなかから象徴的な人物として、ロバート・ベイクウェルを紹介する。彼はセレクティヴ・ブリーディングという技術を使って、ニュー・レスター種という新しい羊の品種を造り上げる。そしてこのニュー・レスター種がそれまで二百年続いてきた羊の巨大化に終止符を打ち、農業領域の品種改良にまったく新しい思想をもたらすことになる。

第七章では、「肉食革命」のなかでの農民たちの奮闘が、思想界に与えた影響について紹介する。十七世紀、十八世紀は馬や農業領域の品種改良だけでなく、植物の品種改良も大きく発展した時代でもあった。一方、一九〇〇年にグレゴール・ヨハン・メンデルの「メンデルの法則」が再発見されるまで、遺伝の理論については本質的に古典哲学を越えるものは生まれなかった。つまり思想界は動植物の形質を決定する要因として、環境よりも遺伝こそが上位に来ることを、理論的に証明できずにいた。品種改良家たちは、理論はともあれ、環境の力に対して遺伝の真の力を実証したのだ。チャールズ・ダーウィンですら、進化論を理論的に成立させるには、品種改良家たちのその権威にすがるしかなかった。

以上が本書のあらましになる。話は複雑になるが、可能な限り読みやすくなるよう心がけたつもりだ。また本書ではあくまで生産者側の近代化の物語のみに焦点を当てたが、「肉食革命」の消費者側の物語については、今後機会を見つけて執筆していきたいと考えている。しかし今回については、どうか筆者とともに、肉がそこに確かにあることを確認してもらいたい。

第一章　革命以前

1　原初の人々の食生活

大地を洪水で滅ぼしたあと、神はノアの一族にこう語っている。「産めよ、増えよ、地に満ちよ。地のすべての獣と空のすべての鳥は、地を這《は》うすべてのものと海のすべての魚とともに、あなたたちの前に恐れおののき、あなたたちの手にゆだねられる。動いている命あるものは、すべてあなたたちの食料とするがよい。わたしはこれらすべてのものを、青草と同じようにあなたたちに与える」（創世記第九章第一〜三節）。

日本人の目から見れば、ヨーロッパはどうしても肉食のイメージが強い。宗教的な理由で鳥類を除く肉食が明治時代になるまでタブー視されていた日本とは違って、たしかにキリスト教世界では肉食は神からノアに許された明白な権利である。しかも肉食の許可と同時に神は人間に動物を支配する権利も与えている。つまり肉食のためであれば、動物に対するいかなる残虐行為も宗教的には許されているのだ。

しかし神はノア以前にも、動物への支配権と食物についての指示を出している。創世記の第一章で天地の創造を終えたあと、造り上げたばかりの人間に向けたものだ。「産めよ、増えよ、地に満ちて地を従わせよ。海の魚、空の鳥、地を這う生き物すべてを支配せよ」（第二十八節）。「見よ、全地に生《は》える、種を持つ草と種を持つ実をつける木を、すべてあなたたちに与えよう。それがあなたたちの食べ物となる」（第二十九節）。こちらでは人間が食べていいのは草木だけになっている。つまり西洋の肉食のイメージとは裏腹に、聖書が伝える歴史において、人類はもともとヴェジタリアンだった。大洪水以前はアダムとイヴをはじめとした人類には、肉食どころか魚食すら許されていなかったのだ。

このヴェジタリアンのテーマは旧約聖書のダニエル書でもう一度強調される。エルサレムを陥落させたバビロンのネブカドネツァル王は、イスラエル人の王族、貴族のなかから体力、容姿、知能に秀でた若者を選び、宮廷に仕《つか》える官吏を育成しようと考えた。王は若者たちを厚遇し、宮廷の美食と酒を毎日振舞うよう定めたのだが、ユダ族出身のダニエル以下四名の若者だけは、そうした食事で身を汚すまいと決意してこう申し出た。「どうかわたしたちを十日間試してください。その間、食べる物は野菜だけ、飲む物は水だけにさせてください」（第一章第十二節）。十日後彼ら四名の顔色と健康は、美食を続けたほかのどの若者よりもよかったそうだ。

原初の人間が草食だったと説くのはキリスト教ばかりではない。ヨーロッパ世界の神話のなかではキリスト教に次いで重要なギリシア神話も同様である。ゼウスの父クロノスが世界の支配者だった時代は人類にとっての黄金時代にあたる。この時代の人類は黄金の種族と呼ばれ、不死ではないまでもそれ以外のことでは神々とたいして変わらぬ生活を送っていた。その暮らしぶりをヘシオドス（紀元前七四〇〜前六七〇頃）は『仕事と日』のなかでこう歌っている。

彼らには
あらゆる福分が備わり、豊饒な大地はひとりでに、
豊かに惜しみなく稔《みの》りをもたらし、人々は福分に囲まれて、
争いもなく、思うままに生《な》り物を享受した。
（中務哲郎訳）

つまり彼らには労働の必要がなかったのだ。農耕などといった労苦に煩《わずら》わされることなく、「豊饒な大地」が「ひとりでに、豊かに惜しみなく稔りをもたらし」てくれる。彼らはそ

れをただ享受すればよかった。
しかし「豊饒の大地」がもたらす豊かで惜しみない「稔り」や「生り物」だけでは具体性に欠ける。これではそこに肉が入っていないかどうかいまひとつ判然としない。そこで紀元前一世紀のローマの詩人オウィディウスの『変身物語』からの一節も紹介しよう。

大地そのものも、ひとに仕える義務はなく、鍬《くわ》で汚されたり、鋤《すき》の刃で傷つけられたりすることなしに、おのずから、必要なすべてを与えていた。ひとびとは、ひとりでにできる食べ物に満足して、やまももや、野山のいちごや、やまぐみや、刺々《とげとげ》の灌木にまつわりつくきいちごや、さらには、生《お》いひろがった樫《かし》の木から落ちたどんぐりを集めていたのだ。（中村善也訳）

さらに四世紀になると、キリスト教徒さえもギリシア神話の黄金時代のヴェジタリアニズムに言及している。断食の重要性を説く聖ヒエロニムスは『ヨウィニアヌス駁論《ばくろん》』のなかでこう語るのだ。「黄金時代であるサトゥルヌス（クロノスのローマ名）の統治のもとでは、大地が豊富にすべてのものを産み出し、誰も肉を食べることはなく、大地がひとりでにもたらす野の産物や果実を食べていた」。

　したがってたしかにヨーロッパでは肉食は許されていた。しかし同時に、今の人間より聖性の高い原初の人間を肉食から切り離してもいたのだ。逆に肉食が許されているからこそ、このことは肉食への相矛盾した感情を生み出さずにはいなかっただろう。ダニエル書からもうかがえるように、肉は人間に堕落をもたらしかねないどこか穢《けが》れたものだった。そしてヴェジタリアニズムにはそれとは逆に、健全で清純なものというイメージがあった。そもそも旧約聖書でノア以前の登場人物は平均して八百歳まで生きている。ところがノアより後の登場人物は、寿命が二百歳まで縮小する。もちろんその背景に食の変化があるという説明はないのだが、このあからさまな寿命の縮小はそれだけでなにかを語ってしまう。

　西洋の肉食の問題について考える場合、まずこのことを念頭に置かなければならない。たしかに現代のヨーロッパは肉食のイメージが強いわけだが、そのイメージはもとから現在のような形で存在したわけではない。十六世紀以降に「肉食革命」とでも言うべき食事情の大変化が起こるのだ。その大変化が起こる以前には、いくつかの制約が肉食にかけられていた。そうした制約のなかには右記の神話構造と響きあうものもあれば、もっと経済的な背景があるものもあった。肉食の問題に移るまえに、まずはそうした制約の数々を概観しておこう。

2　ピタゴラス式食事法

グラシアーノ　貴様を見ているとおれの信仰もぐらつき、
　　　　　　　ピタゴラスの言葉を信じたくなる。
　　　　　　　動物の魂が人間の肉体に入り込むこともあるのかもしれんな。
　　　　　　　貴様の野良犬のような魂は、狼に宿っていたのだろう。

今まで便宜的に「ヴェジタリアン」という言葉を使ってきた。しかしこの言葉が初めて使われたのは一八四七年、英国ヴェジタリアン協会が発足したときのことだ。それ以前に「ヴェジタリアン」に相当する言葉として利用されていたのは「ピタゴラス式」という言葉である。

冒頭の引用は『ヴェニスの商人』第四幕第一場からのものである。金を貸したときに取り交わした証文を盾に、アントーニオから肉一ポンドを切り取ることに固執するシャイロックに、アントーニオの友人であるグラシアーノが吐きつけた台詞《せりふ》である。この台詞はわれわれに、なぜヴェジタリアニズムがピタゴラスの名で呼ばれていたのか、その理由を教えてくれる。数学者として有名なピタゴラスは輪廻転生《りんねてんしょう》を信じていたのだ。

これはキリスト教徒にはまったく異質の考えだった。人間は神から動物への支配権を与えられ、しかも天使と動物の中間に位置する、階層が動物とは異なる存在なのだ。そもそも動物に転生すべき魂はあるのか、これは長年ギリシア・ローマの時代からヨーロッパ世界で議論されてきた問題だった。したがって「この犬畜生！」といった罵詈雑言《ばりぞうごん》は、人間も動物の一種だと捉える現代よりも、ずっと屈辱的な含蓄を持ちえた。輪廻転生という考えは人間と動物を魂の器として同列に置くため、すくなくともシェイクスピアの時代においては、大袈裟《おおげさ》に言えば宇宙の階層性を破壊するものだと感じられたのである。

しかし仮に魂が不滅であり、今生《こんじょう》の行いにより来世で転生する生き物が決まると信じるとしたら、肉食は悪行《あくぎょう》となる。この因果関係は日本人のほうがピンとくるだろう。シェイクスピアはピタゴラスの輪廻転生について『十二夜』でも言及しているが、そこでは道化のフェステが牧師に変装し、執事のマルヴォーリオにピタゴラスの輪廻転生とは何かを尋ねている。マルヴォーリオの答えは「祖母の魂が偶然鳥に宿ることもありうるというものです」（第四幕第二場）だった。そんな鳥を食べるわけにはいかない。

なにやらピタゴラスはヒンズー教や仏教の考え方と似ているのではないか。そう感じたのはギリシア人のほうも同じようで、西洋ではアレクサンダー大王とバラモン（インドのカースト制度の最上位である僧侶階層）との邂逅《かいこう》の逸話が伝承として残っている。大王はインド北部に到達すると、ギリシア世界にすでにその名の知られていたバラモンのもとに使者を送った。伝承によれば、バラモンの語る宗教哲学がギリシア哲学と類似していることに使者は仰天《ぎょうてん》したという。両者の類似の理由については推測以上のものは存在しないが、おそらくピタゴラスがインドの宗教哲学から影響を受けたのだろう。

ピタゴラス式食事法はいわゆる不殺生《ふせっしょう》の思想を出発点としたため、ヴェジタリアニズムとはいっても殺生とは関わりのないチーズなどの酪農製品は許されていた。このピタゴラスの輪廻転生と食事法は、ギリシア・ローマの時代には一定の影響力を持っていたようだ。プラトンのイデア論の根底には輪廻転生の思想があり、そしておそらくプラトンもピタゴラス式の食事法を実践していたと言われている。新プラトン主義の創始者であるプロティノスも輪廻転生を信じていたし、その弟子のポルフュリオスはピタゴラスの伝記を執筆、こちらは確実にその食事法を順守していた。

『英雄伝』で有名なローマのプルタルコスも、おそらくはピタゴラス式食事法の実践者だった。『倫理論集』に収載されている「肉食について」のなかで、肉食に対する嫌悪感を剥《む》き出しにしてピタゴラスの食に対する考え方を擁護しているのだ。「ピタゴラスが肉食を差し控えた理由は何だったのかと君は尋ねる。私にしてみれば感心してしまう。殺した肉に口をつけ、死んだ動物の肉を唇に含み、ぞっとするような死体をつぎからつぎへと持ってこさせては、それらの肉片に食事や食べ物の名を与えることができた最初の人間は、いかなる誉《ほま》れにおいて、いかなる心性や理性をもってそれをなしたのかと。それらはすこしまえまで、鳴き、吠え、動いたり、ものを見たりしていたのだ」。

プルタルコスは肉食のおぞましさを感性に訴える言葉で語っていく。しかし肉食が人道に悖《もと》る行為であることの根拠として輪廻転生や神話を持ち出すことはしない。あるいは原初の人間はヴェジタリアンであったという神話を、もっと科学的な言葉で語りなおしたと言うべきかもしれない。彼は代わりに、解剖学的な見地から人間は元来草食動物だと論じるのだ。「しかし人間が肉を食べるのは自然ではない。そのことをまず肉体の姿かたちから説明しよう。というのも、人間の体は他の動物を貪《むさぼ》り食うために生まれた生き物とまったく似ていない。タカの嘴《くちばし》もなければ、鋭いかぎ爪もない。ギザギザした歯もなければ、肉の多い重たい食事を変化させて吸収するのに十分な強い胃と消化の熱を持ち合わせていない」。

このプルタルコスの解剖学的な主張は、およそ千六百年後、「肉食革命」が進行しつつある十七世紀、十八世紀になってから重要な意味合いを持つ。この時代は解剖学がいちじるしく進歩した時代でもあった。そしてその見地から、人間は元来草食動物だと主張する論者がふたたび現れ、プルタルコスを好んで論拠として利用したのだ。

一六九九年、プルタルコスの言う「肉の多い重たい食事を変化させて吸収するのに十分な強い胃と消化の熱」に関して重大な発見がなされた。エドワード・タイソンがロンドンで西洋科学史上初めてチンパンジーの解剖を行い、その消化器官である腸の寸法の比率が人間のそれとまったく同じだと判明したのだ。当時チンパンジーは草食だと信じられており、この発見はプルタルコスの論説の強力な裏付けとなりえたのである。

持論の論拠としてプルタルコスを利用した論者には、十七世紀にはフランスの哲学者であるピエール・ガサンディ、十八世紀にはかのジャン＝ジャック・ルソーらがいる。ガサンディはタイソンのチンパンジーの解剖以前の人物だが、プルタルコスを論拠にこう断じている。「自然は人間に、食べ物の選択において、前者、つまり肉食動物ではなく、後者、つまり大地の素朴な贈り物である植物を食べるものたちを真似るよう意図したのだ」（『哲学論集』、一六五八年）。そして同時に原初の人類の神話を引き合いに出し、「この無垢《むく》な時代において、人間は動物の血に手を浸《ひた》すことを求めなかった」と主張した。

後世のヴェジタリアンに多大な影響を与えたことで有名なルソーは、『人間不平等起源論』（一七五五年）のなかで文明社会に悪の根源があると主張している。それを証明する手段として、まだ悪に染まっていない人間の野生の状態を想定するが、その野生人は草食だったと考えた。彼が根拠として引き合いに出したのは、先に引用した聖ヒエロニムスの『ヨウィニアヌス駁論』の黄金時代のヴェジタリアニズムと、「歯の形状」と「腸の構造」という解剖学的な知見である。加えてルソーは児童教育を扱った『エミール』（一七六二年）においても子供を肉食に育てるべきではないと力説し、プルタルコスの「肉食について」をながながと引用している。

もちろんキリスト教徒である彼らは、ピタゴラス式食事法の正当性を説明するために、キリスト教とたいそう折り合いの悪い輪廻転生の思想を持ち出すことはなかった。代わりに解剖学的な知見を媒介として、ピタゴラス式食事法と原初の人間の神話とを科学的な態度で結びつけ、その食事法がキリスト教社会でも通用する正当性を獲得する道を切り開いたのだ。ガサンディはピタゴラス式食事法を実践していたわけではなく、ルソーについても実際のところは不明だが、彼らは現代のヴェジタリアニズムの源流となっていく。

しかしピタゴラス式食事法は、西洋でも相当古くから、神話世界のなかだけでなく現実世界においても実際にヴェジタリアニズムの伝統があったという意味では重要だが、それがギリシア・ローマ時代以降のヨーロッパで着目されるようになったのは、あくまで「肉食革命」が進行中のことだった。ピタゴラス式食事法の再評価はこの食事情の大変動への反動として理解すべきもので、この革命が起こる以前の肉食にかけられた制約としては、この食事法はほとんど影響力を持たなかった。そこで最大の影響力を発揮したのは、やはりキリスト教の断食の習慣だった。

3　魚の日

キリスト教は肉食の権利を保障しているが、「食べる」という行為には過激な反応を示すことがある宗教である。アダムとイヴがエデンの園を追放された理由も「食べる」という行為にあった。そして「食べた」ことが原因で子孫ともども原罪を抱え、堕落したのである。であれば食べなければいい。そうすれば楽園へと近づける。実際ここまで短絡的に思い込んでいたかは別にして、初期のキリスト教徒にはそうした意識が多少なりともあったようだ。

四世紀後半にアマスヤの司教アステリウスは言っている。「もし最初の禁欲の掟が犯されることがなければ、断食の掟がわれわれに課せられることもなかっただろう」（『講話集』）。同じ世紀のカエサリアの司教だった聖バシレイオスはもっと率直だ。「断食をしなかったために楽園から追い落とされてしまった。さあ今断食をしよう。われわれが楽園へと戻れるように」(『断食について』)。さらにこうも言っている。「食欲を抑えることができれば楽園で暮らすことができる。しかし抑えることができなければ、死の犠牲者となる」(『アスケティカ』)。先に引用した聖ヒエロニムスも同じ意見だ。「断食をすることで、われわれは楽園に戻ることができる。満腹が原因で、われわれはそこから追放されたのだ」(『ヨウィニアヌス駁論』)。

また初期のキリスト教には断食をことさらに強調した宗派も生まれた。キリスト教における修道生活の創始者とされる聖アントニオス(二五一頃〜三五六)がエジプトの砂漠で修業を行ったこともあって、エジプトに修道僧たちが集まって、極端な断食を始めたのである。彼らの食事は肉も魚も拒絶した塩と水とパンという極端なものだった。西洋の修道院の伝統もここに端を発している。

こうした意識があった以上、彼らが修道僧のような宗教エリートだけでなく、平《ひら》の信徒まで巻き込んで断食の習慣を制度化したのも、不思議なことではなかった。三二五年、ニカイア公会議で復活祭の日程が正式に決定される。それ以前から復活祭のまえに断食をする習慣があったのだが、それがやがては四旬節として制度化され、断食の日数も四十日間(日曜日は断食を休むため、期間としては四十六日間)と定められた。ただし断食しなければならないのは四旬節だけではない。キリストが十字架にかけられた金曜日は一年を通して断食せねばならず、時代によって変化もあるが、中世には水曜日と土曜日も断食日とされたこともあった。加えて主要な聖人の日にも断食が行われたため、結局のところ中世になるころには一年のうちおよそ半分が断食日になっていたのである。

当初断食日には肉や魚、卵にチーズなどの酪農製品も禁じられていた。その意味ではピタゴラス式食事法よりも食品に対する禁止事項が厳しく、まさしく原初の人間の食事に近いものだった。しかしそうした食品のなかでもとくに目の敵《かたき》にされたのが肉だった。聖ヒエロニムスも言っている。「肉を食べ、ワインを飲み、満腹となることは、肉欲の苗床《なえどこ》である」（『ヨウィニアヌス駁論』）。この背景にはおそらく当時の医学の根幹である体液理論がある。肉欲こそはキリスト教が敵視して止《や》まない情欲だが、アリストテレスも二世紀の医師であるガレノスも、精子を生成する素材は血液だと考えていた。そして肉は（さらにワインも）その血液を作り出すと考えられていたのだ。

そして時代が下るにつれて、肉以外の食品にかけられていた制約はだんだんと緩んでくる。とくに魚についてはむしろ積極的に食べるべきものへと変化していき、ついには断食日は「魚の日」と呼ばれるようになってしまう。この経緯については拙著の『魚で始まる世界史』（平凡社新書）に詳述してあるので、ご興味のある方はそちらを参照していただきたい。ただ、肉と魚の関係を当時の医学の体液理論がどのように説明していたかだけは、ここで解説しておこう。断食日が「魚の日」となってしまったため、中世のヨーロッパ世界は一年の半分が肉食を許された日となり、もう半分は魚を食べなければならない日となってしまった。その結果肉食と魚食とに付与されたイメージを理解するには、医学的な背景も知っておいたほうが分かりやすい。

ヨーロッパ世界ではギリシア時代の昔から、万物は四つの元素からなると考えられていた。つまり空気、火、土、水の四つである。これらの四元素はそれぞれ二つずつ特質を持つ。空気は湿って熱い。火は熱く乾いている。土は乾いて冷たい。水は冷たく湿っている。人間の体も血液、胆汁、黒胆汁、粘液という四つの体液からなり、それぞれが四元素と対応し、対応する元素と同じ特質を持っていた。湿って熱い血液は空気と、熱くて乾いた胆汁は火と対応し、黒胆汁は土と同じで乾いて冷たく、粘液は水と同様冷たく湿っていた。

そして万物の一部である食物もそれぞれ四元素の組み合わせでできていた。そのため四体液とも対応しており、特定の食物がそれに対応した体液を生み出すことになる。肉やワインは湿って熱いものだと考えられており、そのため精子の素材である血液を増加させる。逆に性欲を抑えるには血液とは逆の、乾いているか冷たいものを食べればよかった。水に棲む魚はその冷たい食材の一つだったのである。

断食日の魚の扱いが変化していく過程で、魚のこうした医学的性質が言い訳として利用された可能性はある。ただしはっきりしたことは分からない。断食日が「魚の日」に変じた理由については、推測以上のものはないのだ。しかし正反対のものとして対をなすことで、肉と魚の双方のイメージがそれぞれ強化されてしまった。体液理論は人間の性質も体液と結びつけて説明する。普段から血液の割合が多い人間は陽気であり、胆汁の割合が多いと怒りっぽい。黒胆汁の場合は陰鬱で、粘液質は鈍重とされた。ちなみに肉は陽気な血液を生み出すわけだが、冷たく湿った魚は鈍重な粘液を発生させるのだ。

「肉食革命」以前のヨーロッパの食の世界は、一年が魚と肉で二分されていた。魚の需要も肉の需要も、この宗教的な要請が大きく影響していたのだ。そのためヨーロッパでは、現代の肉食のイメージとは裏腹に、漁業が国家の盛衰に関わることもあるほど経済的に重要だったのである。たとえば中世の都市同盟であるハンザがその勢力を拡大していく背景にも、「魚の日」に一番消費されたニシン漁の独占がある。しかしそのことはとりもなおさず、牧畜業の潜在的な成長力に大きな制約がかけられていたことを意味してもいた。たとえ人口が増加したとしても、そのために生じる需要の増加は、その半分が強制的に漁業に奪われていたわけだ。

4　牛と羊と豚

ここまで文化史的な側面からヨーロッパの肉食にかけられていた制約を見てきた。しかし自由な肉食を妨げるのはそればかりではない。経済的な事情で思う存分肉を食べることができない場合もある。食肉の生産のためにヨーロッパで古くから放牧されてきた哺乳類は、主要なものを挙げれば牛と羊と豚である。山羊も放牧されていたが、規模は小さい。この三種類の哺乳類のうち、純粋に食べるためだけに放牧されていたのは豚だけになる。牛と羊はずっと用途が多様で、食べるためだけの家畜ではなかった。

食肉生産を別にすれば、牛には搾乳と犂《すき》や荷車を曳《ひ》く動力源としての用途があった。羊はさらに多機能である。搾乳と羊毛に加えて、その糞便が肥料にうってつけだった。もちろん牛や豚の糞便も肥料として利用可能だが、羊はそれらより優れている。実際問題としてヨーロッパの田畑の地味を高めてきたのは、圧倒的に羊だった。羊はかなり早い段階（ブリテン島の場合は青銅器時代）から作付けの終わっていない田畑に囲われ、そこに糞便を撒《ま》き散らしてきたのだ。ヨーロッパの混合農業は羊なしでは成り立たなかっただろう。

牛や羊のこれらの用途のうちどれを重視するかは、農場主や牧場主が好みで決められる問題ではなかった。それは農村経済の枠内の、あるいはそれを内包したずっと広い経済システムのなかでの必然が決定するものだった。

牛の場合はとにかくその動力源としての用途が何よりも重要だった。アングロ・サクソン七王国時代、ウェセックス王国の七世紀の国王イネが発布した法典のなかで、犂を曳く牛の貸し借りについての約束事が定められている。犂の動力源としての牛の利用について言及したものとしては、イギリスではこれが最古の文献になる。しかし実際にはローマ占領期（四三〜四一〇）には、あるいはそれ以前から、牛はそのための機能を果たしてきただろう。

イギリスを征服したノルマンディ公ウィリアムが一〇八六年に作成した土地台帳のドゥームズデイ・ブックは、イングランドの荘園領地で犂を曳く牛のチーム数も記録している。この時代までには犂は牡牛《おうし》八頭のチームで曳くのが基準とされていた。牡牛八頭と言うが、家畜の市場が発達していた時代ではない。どこぞから気軽に買ってこられるものではなく、たいていの場合は自前で繁殖しなければならなかった。

それでは犂一台を曳くのに必要な頭数を維持するには、どれだけの牛の群れを繁殖しなければならないのか。『イギリスの牧畜業——一七〇〇年まで』のロバート・トロウ＝スミスがその数を試算している。彼は、妊娠していない、あるいは妊娠初期の牝牛《めうし》も実際には犂を曳いただろうと考えている。そしてこの作業に従事できる平均年数を四年と想定し、成牛と見なされる四歳から犂を曳きはじめるとすれば、繁殖用の牝牛が二頭と、零歳から三歳までの各年齢の牛がそれぞれ二頭ずつ、毎年引退する牛の補充のために必要になる。繁殖用の牝牛も犂を曳く役割を果たすことができると考えれば、犂一台につき、実際に犂を曳く八頭に加えて最低でも八頭の牛が必要ということになる。

トロウ＝スミスの提示した数字は本人も認めるとおり、推論に推論を重ねたうえで算出したもので、確かなものとは言えない。しかし犂一台を動かしつづけるためには実際には相当数の牛の群れが必要だったことは間違いない。仮に十六というトロウ＝スミスの数字が正しいとすれば、この十六頭は食うことができない牛である。

平民の場合であれば牛を所有していても一頭や二頭で、犂を曳くための八頭を用意するには村全体で協力するしかなかった。とてもではないが牛肉を食べる余裕はなかっただろう。ある程度裕福な荘園領主の場合も、耕作地の面積が増えればそれだけ犂の数が必要になるわけで、食用に回せる牛の数は多くはなかっただろう。彼らが食べることができたのは、老齢か病気かで本来の役割を全うできなくなった牛がほとんどだったはずだ。

イングランドでは十二世紀末から馬が犂を曳く動力源として使われはじめる。このことが牛を食用に回す余裕を多少は生み出したかもしれない。しかし馬は牛に比べて割高だった。飼料代も装蹄《そうてい》の代金も牛より値段が張るうえに、犂につなぐには特別な金属製の胸当ても必要だった。そのうえ、引退後に食用として売ることもできない。実際にはこの役割がほぼ完全に馬に移行するのは十九世紀になってのことだ。したがってある程度時代が下るまで、馬の参入が肉食にもたらす影響は裕福な層に限られていただろう。

牛はこれほどの労苦を味わっていたので、そこから採れる乳の量も限られていた。そのため十六世紀になるまで、搾乳の主力は羊だった。イングランドと言えばチェダーチーズが有名だが、このチーズももともとは羊の乳で作られていたのだ。だがイングランドの羊の場合、なんと言ってもその羊毛がもっとも重視された商品だった。

イングランドにとっての羊毛の重要性はいちいち説明するまでもないかもしれない。イングランドはローマ占領期にはすでに羊毛の生産基地だった。そしてローマが撤退した後も、八世紀にはその混乱から回復し、毛織物を輸出した記録がある。しかし何よりも重要だったのはその羊毛の質と量である。イングランドの羊毛はヨーロッパの羊毛市場を支配し、中世には毛織物産業の先進地域だったフランダースとイタリアの毛織物業者たちも、イングランドの羊毛なしでは仕事にならなかったのだ。イングランドにとって羊毛は、初めての国家の特産品というだけでなく、国際政治のうえでも重要な切り札の一つだった。

だがそれだけではない。国内に目を向ければ、この経済システムから得られる利益を最大化するために、羊の飼育者や牧羊主は最大限の努力を傾けた。そのための工夫の一つ一つをここで説明するつもりはないが、そのなかの重要な一つに農地の囲い込みがある。囲い込みについては次の章で詳述するが、中世の土地の所有形態は些末《さまつ》な約束事が多すぎて、効率的な牧羊経営の妨げとなったのだ。つまりイングランドでは、羊毛生産は国家の仕組みの基盤である土地の所有形態を変更していく促進剤となったわけだ。

農地の囲い込みは財力に恵まれない農民から農地を奪い取ったために、トマス・モアは『ユートピア』（一五一六年）のなかで、羊が「人間さえもさかんに喰殺《くいころ》している」（平林正穂訳）と警鐘を鳴らした。はたして人間はそんな羊を自由に食べることができただろうか。面白い記録が残っている。十三世紀には家畜の市場も発達し、そこでは羊も取引されていた。牡羊の場合、去勢すると羊毛の質が良くなる。去勢した牡羊の値段は一シリングから一シリング四ペンスが相場だった（一シリングは十二ペンス）。一方当時の去勢した牡羊から一回の刈り込みで採れる羊毛の平均的な売値は六ペンスだった。つまり二回か三回の刈り込みで元が取れたのだ。羊肉生産が羊の重要な役割となった二十世紀の半ばでは、標準的な短毛種の場合、六回刈り込みをしなければ元が取れなくなっていた。当然十三世紀には、羊毛が取れる限り彼らは羊を食べることはなかったのだ。

もっともアイリーン・E・パワーは『イングランド中世史の羊毛取引』のなかで、十四世紀初めの羊の頭数を一千二百万頭と推測している。これだけ数が多ければ、老齢で引退した羊や疫病《えきびょう》で間引いた羊たちだけでも、相当な食肉が生産できたことは確かだろうが。

最後に豚について説明しよう。イギリスの豚の放牧について言及している最古の文献資料は、やはり七世紀のイネの法典である。「自分のブナの実の放牧地に許可もなく（他人の）豚がいるのを見つけたら」、六シリングの抵当を取ることができる。考古学的な発掘資料も含めて、これ以前に豚の放牧を確実に証明する資料は存在しない。

その始まりがいかなるものであれ、アングロ・サクソンの時代には、豚の数は羊の数を上回っていたと、前述のロバート・トロウ＝スミスは考えている。豚は元来が森の生き物で、イネの法典にもあるように、ブナやクリや柏の森がなければ放牧はできなかった。一方羊は元来が草原の生き物で、牧草地が広がらなければ数も増やすことができなかった。つまり豚と羊は、どちらかが増えればどちらかが減るといった関係なのだ。

トロウ＝スミスによれば、アングロ・サクソンの時代が豚の放牧のピークだった。この時代には荘園領主は当然のこと、平民や農奴階層さえ豚の放牧を行っていたのだ。したがって豚肉であれば、社会のかなりの層に行きわたっていただろう。しかもこれは食べるために育てた肉である。味のほうも、年老いた牛や羊よりもよかったかもしれない。

十一世紀から十三世紀にかけて成立したとされる中世ウェイルズの物語集『マビノギオ

ン』が伝えるところでは、豚はウェイルズ神話でアンヌーンと呼ばれる仙界から地上に贈られたものだそうだ。神話の英雄グウィディオンによれば、「その肉は去勢牛の肉よりも美味い」ということである。

時代が下るにつれイングランドの森は切り開かれ、耕作地や羊の牧場へと変じていく。それとともに豚の放牧も衰退していった。とはいえ豚は別の飼料でも飼育できる。現存する遺言書や家計簿といった資料を見る限り、時代が下っても、農村では裕福な家庭だけでなく平民でも豚を数頭飼育していた。放牧ができなくなったため頭数が減少し、商業ベースで飼育するケースは十八世紀に入るまでは少なかったが、家庭で消費する食肉の足しとして重宝されたようだ。なんといっても豚は一年に二度子を孕《はら》むことが多い。しかも一度に数頭生まれてくるのだ。ちなみに裕福な家庭の家計簿を見る限り、豚は一般に牛や羊よりも飼料がよかった。自分が食う肉のためであれば、彼らは出費を惜しまなかったようだ。

5　肉食革命

まずは図1をご覧いただきたい。ピーテル・ブリューゲルの『謝肉祭と四旬節の戦い』

図1　ピーテル・ブリューゲル『謝肉祭と四旬節の戦い』

（一五五九年）である。この絵は当時のヨーロッパの食の世界を見事に表現している。謝肉祭というのは教会暦とは関わりのない世俗の祭りだが、カトリックを奉じる世界では四旬節に入る直前の一週間で開催される。当然長い断食の期間をまえにして、ここぞとばかりに大量の肉を消費するわけだが、しかしこの絵はなにも謝肉祭と四旬節だけを描いたものではないのではないか。

　右側は魚を食べる人々が列をなし、左側では肉を食べる人々が浮かれ騒ぐ。そして両者の境界は、絵のぴったり真ん中に引かれている。これは四旬節と謝肉祭だけにとどまらず、一年が魚を食べなければならない日々と肉食を許された日々とに二分された状況を空間的に表現しているのではないだろうか。いずれにせよ右側に描かれているのは敬虔《けいけん》ではあるが、体液理論で言うところの粘液が充満して息が詰まるような鈍重な世界であり、左側に描かれているのは世俗的だが、陽気な血液で身体がはち切れんばかりの世界である。

そして中央部前方では二つの山車《だし》が相対している。右側の山車には巨大なしゃもじの先に、「魚の日」に一番消費されていたニシンを二尾高々と掲げた女性が乗っている。そして左側でエイルの樽に乗った太った男が串に刺して差し出しているのは、牛でも羊でもなく豚である。

この絵が描くヨーロッパの食の世界に大変動をもたらし、左右を分かつ境界線を大きく右側へと移動させ、肉の領域を拡大させる原因となったのが宗教改革だった。新教の多くは「魚の日」をカトリックの虚飾として廃してしまったのだ。そしてその影響がもっとも劇的な形で現れたのがイングランドだった。イングランドはヘンリー八世の離婚問題のもつれが原因でカトリック教会と手を切り、国教会を発足させる。そして「魚の日」についても、廃止を宣言することこそなかったが、続けるかどうかを個人の選択に任せてしまったのだ。さらに魚の一大消費者である修道院を解体してしまった。

その影響は即座にイングランド漁業の衰退という形で現れた。ヘンリー八世の後を継いだエドワード六世の時代に、将来エリザベス女王の懐刀《ふところがたな》となるウィリアム・セシルが漁業の衰退の状況を調査している。その調査によれば、ヘンリー八世がローマと決別した一五二九年には四百四十隻あったイングランドの漁船は、調査を行った一五五〇年代初めには百三十三隻にまで減少してしまっていたのだ。

当時は漁業の衰退はそのまま海軍力の減少につながった。戦時に漁船を軍艦として徴用していたからだ。この予期せぬ事態に慌《あわ》てたイングランド政府は漁業振興策を打ち出した。その中心が「政治的な魚の日」と呼ばれるものである。「魚の日」を宗教の権威ではなく政治権力によって強制しようとしたのだ。エドワード六世から十七世紀の終わりのジェイムズ二世に至るまで、歴代の国王がこの法令を繰り返し発布している。しかし後世の歴史家の見解では、どうやらほとんど効果がなかったらしい。実際その後イングランド国内での魚の取引量は低調に推移し、上昇に転じるのは十九世紀半ばにフィッシュ・アンド・チップスが考案され、労働者のあいだで大流行してからになる。

詳しくは後述するが、食肉生産の増加を示す兆候は、国教会が発足する以前から現れている。そのため「魚の日」の影響力の低下だけを食肉需要の増加の原因と考えるわけにはいかない。人口そのものの増加や、農業生産に関わらない都市人口の割合の増加も関係しているだろう。しかし魚の需要が大きく落ち込めば、相当数が代わりにピタゴラス式食事法でも採用しない限り、肉にその需要が回るしかなかった。加えて人口増加で生まれる新たな需要の増加も、漁業に回らなくなったぶん牧畜業に回ってくるのだ。

カトリック教国では「魚の日」の影響はその後も長く続いた。新教国ではイングランドと同様の食事情の変化が起こったはずだが、本書ではそこまで手を伸ばすことはできなかった。しかし「肉食革命」についていてイングランドを中心に話を進めるのは十分理にかなっている。イングランドはこの革命で先頭を走りつづけたのだ。十七世紀からのイングランド人はヨーロッパのなかでも大肉喰らいの代名詞となった。この革命が始まった時点でのイングランドは、羊毛生産を除けば農業・牧畜の領域での技術がとくに秀でていたわけではない。対岸のネーデルランドやフランダースのほうがはるかに先進的だった。しかし十八世紀の半ばまでには、イギリスはヨーロッパ随一の牧畜先進国に駆け上がっていく。

新しく生まれた肉への巨大な需要を満たすには、イングランドのそれまでの牧畜業が根本から変わる必要があった。逆に言えば、それまで牛や羊にかけられていた経済的な制約を、新たに生まれた需要が書き換えることが可能となったのだ。犂を動かすのに必要な数を超えて牛を繁殖しても、羊を引退前に食用として売り捌《さば》いても、経済的に元を取ることができる見込みが生まれたのである。

こうした経済的な条件の変化のなかで、イギリスの牧畜業には二つの大きな変化が現れた。まず第一に、食肉生産の階層化が始まったのである。それまでイングランドの食肉と言えば、自宅で飼育した豚や家禽《かきん》、猟で仕留めた獲物以外は、肉屋で仕入れたものであれ、自宅で飼育していたものであれ、老齢や病気が原因で本来の役割から退いた家畜が中心だった。こうした退役した家畜は、食用として絞《し》めるまえに太らせるのが通常だった。十六世紀にはこの作業を専業とする農民たちが現れたのだ。彼らは「グレイジアー」と呼ばれ、ロンドンなどの大都市の近辺に農場や牧場を所有していた。そしてイングランド全土、いやスコットランドやウェィルズからも、「グレイジアー」のもとへと家畜たちが大移動を開始したのだ。

もう一つの変化は囲い込みが行われた牧場のなかで起こった。そこで放牧されていた羊たちの肉体が巨大化しはじめたのである。この現象が始まったもともとの原因については定説があるわけではない。しかし途中から、すくなくとも十七世紀の後半からは、明らかに品種改良が関わっていた。これがイギリス牧畜史のなかで明確にその存在を確認できる、初めての品種改良である。

この巨大化の程度は尋常ではない。中世の羊の重量の記録は残っていないが、羊毛量の記録なら豊富に残っている。それによれば中世の羊一頭の羊毛量は一ポンド強（一ポンドは四百五十四グラム）が一般的で、多くても二ポンドを超える程度だった。ところが十八世紀の終わりには、十四ポンドの羊毛を誇る品種も生まれていたのだ。「肉食革命」はその性格上、牛肉を消費できる裕福な層だけが関わった現象ではない。むしろ圧倒的多数の庶民が消費する「安い肉」こそが量的に重要だった。おそらくそのためだろう。この現象のなかで身体が大きく変化したのは、牛よりも数が多い羊だった。

この二つの変化はもともとは別個の現象だった。しかしどちらも肉の需要の拡大という、同じ経済条件の変化に応じたものだった。しかも巨大化した羊たちも、階層化され全国規模のネットワークで結合した食肉生産のシステムのなかで流通したのだ。そのため、やがてはこのシステムが、羊の巨大化のなかで始まったイギリスの品種改良の方向性に影響を与えるようになる。その過程のなかで品種改良の技術は洗練され、元来多機能であった牛や羊のなかから、食肉生産だけに特化した品種が生まれてくる。

以上が肉食生産に焦点を絞った場合の、十六世紀以降のイギリスの牧畜史のなかで起こった変化のあらましになる。しかしそこに話を進めていくまえに、いくつか説明しておかなければならないことがある。右記の変化の前提になる条件や、あるいは逆に、この変化が乗り越えていかなければならない障壁があった。そのなかには現代人の常識からは、理解しがたいものもあるからだ。

まず第一に、農地の囲い込みである。右記の変化のほとんどは、「グレイジアー」の食肉生産であれ、羊の巨大化と品種改良であれ、囲い込まれた農場や牧場で行われていた。実際、囲い込まれる以前の農地の所有形態の枠組みのなかでは、仮に品種改良の試みがあったとしても、成功はほぼ絶望的だっただろう。そして第二に、飼料作物の充実である。食肉生産のシステムが拡大し、より多くの、そしてより上質の食肉の生産が可能となるには、まず飼料の生産量自体が拡大しなければならない。十七世紀は牧草地の牧草の質が改善され、栄養価が高まっていった時代だった。そしてこの改善は十八世紀の農業革命で一つの頂点を迎える。この飼料生産の改善が、食肉生産のシステムと品種改良に、大きな質的変化をもたらすことになる。次の章ではこの二つの問題をまず解説しておきたい。

そしてもう一つ、品種改良をするにしても、遺伝学の基本であるメンデルの法則すら登場していない時代に、農民たちはどういった理屈に基づいて品種改良を行ったのかという問題がある。この問題をまず説明しておかなければ、古い時代の品種改良について解説しても、農民たちの選択の根拠がまったく理解できないだろう。彼らには彼らなりの根拠があったのだ。しかしこの根拠は同時に、品種改良それ自体の障害となる要因にもなりえた。したがって品種改良の歴史は、この根拠自体が変容していく歴史でもある。この問題については第三章で説明したい。

第二章　囲い込みと農業革命

1　「改善《インプルーヴマント》」の精神

イギリスの都市について研究したマーク・ジラードが『イギリスの町』のなかで、啓蒙主義の時代でもあった十八世紀に特徴的な精神について語っている。少し長いが引用しよう。

十八世紀には「改善《インプルーヴマント》」がたいそう空気中に漂っていた。交易の方法は改善できた。よりよい埠頭《ふとう》や波止場《はとば》や倉庫を備えることによって。製造業は改善できた。蒸気機関の利用やこの世紀の半ばにバーミンガムへの訪問客を驚かせた労働の細分化といった技術によって。輸送は改善できた。運河の構築や橋梁《きょうりょう》の建築、有料道路財団を組織することによって。農業は改善できた。囲い込みやよりよい農法によって。町は改善できた。通りを舗装して拡張したり、まっすぐにして広げたりすることによって。新しい通りを作ることによって。中世の城壁を破壊することによって。配水や公共の遊歩道の配置、公共の建造物の建立によって。カントリーハウスは改善できた。もっと雑味のない趣味で建て直し、改築することで。あるいは新しく牧歌的な庭園を設置することによって。芸術は改善できた。啓蒙的なパトロンを得たり、アカデミーを設立することで。貧困層の状態は改善できた。学校や病院やよりよい刑務所を設立することで。

ジラードの言葉に少し付け加えるとしたら、十八世紀の牧畜業においても「改善」という言葉はキーワードだった。牧草地の「改善」、飼料の「改善」、飼育技術の「改善」、そして品種改良についても、家畜を「改善する《インプルーヴ》」という言い方をした。

もう一つ長めの引用をしよう。一七三一年、アレグザンダー・ポウプがパトロンであるバーリントン伯リチャード・ボイルを讃えるために書いた「バーリントン伯への書簡」という詩の一節である。ポウプにとってバーリントン伯はまさに「啓蒙的なパトロン」であり、彼は伯の卓越した「改善」の精神を褒めあげている。

それでは土地に美をもたらし、土地を改善する《インプルーヴ》のをだれに任せればいいのか。
だれがバサーストのように植え、だれがボイルのように建てるのか。
出費を正当化するのは用途だけ、
壮麗はその輝きのすべてを分別から借りる。
彼（ボイル）の父の農地は平和を楽しみ、
その土地が広がれば隣人たちを喜ばせる。
その陽気な借地農は毎年の骨折り仕事に感謝する。
しかし土地のおかげよりも彼らの主《あるじ》のおかげのほうが大きいのだ。
芝地は広大で、乳の豊富な牝牛や
立派な駿馬《しゅんめ》が草を食《は》むのに相応しい。
そそり立つ森は誇示や見栄のためではない、
未来の建物、未来の艦隊のために育つのだ。
丘から丘へと彼の植林を広げさせよう。
まずは田園を覆わせ、それから町を建てさせよう。

「バサースト」とはポウプと交友のあったアレン・バサースト伯爵のことである。この詩で言う「土地に美をもたらし、土地を改善する《インプルーヴ》」とは、先に引用したジラードの言葉に当てはめれば、二つのことを意味している。まず一つは「雑味のない趣味」で改築し、「牧歌的な庭園を設置する」ことで実現したカントリーハウスの改善である。「だれがバサーストのように植え、だれがボイルのように建てるのか」とはそのことを言っている。バーリントン伯はパラディオ様式の建築をイギリスに持ち込んだ建築家でもあり、彼のカントリーハウスも、そしてポウプ自身の住宅もその様式で建てられていた。

もう一つは農地や牧草地の改善である。バーリントン伯がジラードの引用にある農地の「囲い込み」を実際行っていたかどうかを筆者は確認していないが、「その陽気な借地農は毎年の骨折り仕事に感謝する。しかし土地のおかげよりも彼らの主《あるじ》のおかげのほうが大きいのだ」という詩の言葉を考えれば、している可能性が高い。この時代の農地の囲い込みは、土壌改善などの土地改良を伴うことが多かった。地主にしてみれば地代を吊り上げる理由にできるからだ。そのため実際のところ、借地農が陽気で感謝しているかどうかは分からないが、すくなくともバーリントン伯は優れた農場経営者でもあったのだろう。

いずれにせよ十八世紀、「改善」の精神は時代のエトスだった。パトロンの啓蒙性を称讃する手段として、詩人は大手を振ってこの精神を取り上げることができたのだ。そしてこの精神は「出費を正当化するのは用途だけ、壮麗はその輝きのすべてを分別から借りる」というこの時代特有の合理的で良識を重んじる古典主義的な美学とも結びついていた。農業や牧畜業もこの精神に沿って運営されれば、貴族にとってすらファッショナブルなものだったのだ。さらにこの精神は、最後の数行から見て取れるとおり、愛国心とも結びついていた。その意味ではたんに時代のエトスというだけでなく、文化的、経済的、政治的なイデオロギーであったと言うことができるだろう。十八世紀の産業革命も農業革命も、そしてイギリス帝国の爆発的な拡大も、無数の人々のこの精神を土台にしていた。

ジラードの引用のなかでは扱いが小さいが、農業領域の歴史家たちのなかには、この「改善」の精神は農業領域から始まったと主張するものが多い。実際にそれを証明するにはさまざまな領域を総合的に研究しなければならず、彼らの主張にそうした研究の裏付けがあるわけではない。しかし彼らがそう主張したくなるのも道理で、確かに農業領域では「改善」という言葉や概念が十八世紀以前からやたらと目立つようになっていた。十七世紀であればこの言葉こそが農業関係者の合言葉であったし、その傾向はすでに十六世紀にも確認できた。

その理由の一つは、農業書のルネッサンスにある。農業史方面では重鎮のジョウン・サークは『イングランド近代初期の文化と農耕』のなかで、古典作家の農業書が近代の農業作家たちに与えた農業哲学の影響を解説している。彼女の見解では、近代の農業作家たちは古典作家たちから農業技術だけでなく、実験に基づく経験主義的な態度で農業技術を改善する姿勢を受け継いでいる。

近代の農業書の発展は、グーテンベルクの活版印刷の発明から三十年もたたない一四七〇年、『農業作家たち《レイ・ルスティカエ・スクリプトーレス》』がヴェニスで出版されたことがきっかけになる。これは古代ローマの大カトー、ヴァロ、コルメラ、パラディウスといった四名の農業書を合冊にしたものだ。この書は一五二一年までに十八回版を重ねた。またギリシア人の書いたものでは、ラテン語に翻訳されたクセノフォンの『家政について』が一五〇八年から一五二六年のあいだに五回版を重ねている。

サースクが言うとおり、古代の農業作家たちは農業技術ばかりでなく、農民が持つべき心構えも伝えている。一例をコルメラから紹介しよう。「しかし、相手が過去の農夫であろうと現代の農夫であろうと、その権威に満足してしまわずに、われわれはわれわれの経験を伝え、まだ試したことのない実験に身を投じなければならない。その実践は、ときとして多少の不利益をもたらすかもしれないが、全体を見れば有益だとわかるからだ。……こうした経営をすれば、もっとも実り多い土地からもさらなる利益を得ることができる。したがっていかなる場合にも、さまざまな形態の実験が無視されるべきではない」(『農業について』第一巻第四章)。こうした訓示が、古代の農業書にはいたるところにちりばめられている。

これらの農業書はイングランドにも流入したが、ラテン語で書かれていたために読者は限られていただろう。しかしこれらの農業書が重要な理由は、それぞれの国でおのおのの気候風土に合わせた農業書の出版の刺激となったことだ。イングランドでは十三世紀にウォルター・オヴ・ヘンリーが『農業』を執筆したが、その後この手の技術書は一五二三年のフィッツハーバートの『農業の書』まで出ていない。『農業の書』は活版印刷によるものとしてはイングランドで最古の農業書になる。そして一五五七年にはトマス・タッサーが『よき農業の百のポイント』(一五七三年に『よき農業の五百のポイント』として改訂)を出版、以降さまざまな農業書が大量に出版されるようになる。

こうした農業書には、地域の差異も考えずに、ただ古典の農業書の内容を丸写ししただけのものも存在した。しかし多くの場合、執筆者は大農園を所有するジェントリー、ヨーマンやハズバンドマンと呼ばれる自作農(ヨーマンのほうが所有する農場の規模が大きい)、あるいは借地農と、社会階層の差こそあれ自身も農業経営者だった。彼らは古典作家や国内外の同時代人の農業書を研究するだけでなく、そこにある農業知識を実際に試している。そしてその結果を自ら農業書で報告したのである。彼らが扱ったのは伝統的な作物ばかりでなく、ホップやタイセイ（藍色の染料のもとになる植物）など、商業価値の高い新種の産業用作物などの栽培も紹介し、農民たちの選択肢の幅を広げていったのだ。

「改善」の精神との関わりで言えば象徴的な作家がいる。十七世紀半ばの代表的な農業作家のウォルター・ブリースである。彼は一六四九年に『イングランドの改善者《インプルーヴァ》』を出版、農地の用途に応じたさまざまな「改善《インプルーヴマント》」の方法を紹介している。なかには後の農業革命で重要な役割を果たすクローバーについての報告もあり、先進的な内容だった。ところが彼は干拓地を農地に変えるための排水事業に否定的だった。しかし一作目の出版後、じかに排水事業と関わりその効果を実感する。さらに他のさまざまな改善者《インプルーヴァ》と交わる機会を得ると、前作の情報を刷新して一六五二年に『改善された《インプルーヴド》イングランドの改善者《インプルーヴァ》』を出版、排水事業についても一章を割いている。題名の言葉遊びのなかにもこの時代の農業領域におけるこの言葉の重要性を見て取れるというものだが、彼は過去や現代の権威に満足しないどころか、自分自身の業績にも満足せずに「改善」を追求したのだ。

農業領域でかなり早い段階から「改善《インプルーヴマント》」という言葉や概念が重視されていたことが分かる事例を、もう一つ紹介しよう。そもそもimproveという言葉には、「土地の収益を上げる。囲い込む、荒廃地を耕す。したがって、そうした手段で土地の価値を高め、よりよくする」（OED、2b。傍点筆者）という意味がある。つまりimproveとenclose（囲い込む）は同義語である。これはもともとはapproveというまったく別の単語が持っていた意味なのだが、十六世紀から十七世紀にかけて、この二つの単語が混合されてしまったのだ。

つまりかなり早い段階から囲い込みは農地、牧草地の「改善」の手段と考えられ、逆に言えば「改善」の精神が農地の囲い込みの背景にあったということだ。囲い込みの動機についてはトマス・モアの人食い羊のイメージが強いため、富裕層の強欲にあると思いがちである。しかし背景に単一の動機しかない社会現象など存在しない。実際、農業書の作家にはさまざまな階層の農業経営者がいるわけだが、階層の別なく彼らの多くが「改善」の精神ゆえに囲い込みを支持している。

フィッツハーバートの『農業の書』（一五二三年）はジェントリー階級のための農場管理術をテーマにしているので、囲い込みを擁護しても不思議はない。しかし『よき農業の百のポイント』（一五五七年）のトマス・タッサーは借地農であるにもかかわらず、囲い込みを行ったほうが収穫量が上がると力説している。また「改善者」ウォルター・ブリースも、ヨーマンというよりはその下のハズバンドマンと言ったほうがいい小規模の自作農の出身だが、囲い込みの熱烈な支持者だった。そして前述したとおり、囲い込みは農耕の効率化だけでなく、牧畜業の発展、品種改良の開始のための大前提でもあるのだ。

2 囲い込み

農業革命時に農業技術の広報活動に尽力したアーサー・ヤングも、囲い込みの熱烈な支持者だった。彼は『オクスフォードシャの農業についての概観』（一八〇九年）のなかで、同州の囲い込みの進捗《しんちょく》状況に満足しながらも、いまだに残る昔ながらの「開放耕地」への不快感を露《あらわ》にしている。「膨大な改良が実現し、さらに今実現しつつある。しかし多くの無知と野蛮が残存している。開放耕地という野蛮なゴート族やヴァンダル族が囲い込まれた文明と隣接しているのだ」。

ヤングのこの感性には、先に紹介したアレグザンダー・ポウプの「バーリントン伯への書簡」と共通するものを感じる。「野蛮なゴート族やヴァンダル族」と対比されている以上、「囲い込まれた文明」とは彼らの侵入で衰退したローマ帝国をイメージしているのだろう。彼にとって囲い込みが象徴する「改善」の精神は、たんに効率性の問題というだけでなく、古典主義的な美学の問題でもあったようだ。

さらにヤングはこの引用のすぐ上で、こうも言っている。オクスフォードシャでは「この王国内のほとんどどの州よりも高い比率で囲い込みが行われ、そのおかげでその地域を改善したのと同じほどに人間を変えた」。つまり「改善」の精神が囲い込みを実現するというだけでなく、囲い込みが人間の精神を「改善」すると言うのだ。だとすれば「野蛮なゴート族やヴァンダル族」というのは時代遅れの「開放耕地」の比喩というだけでなく、文字どおり、その制度にしがみつき、囲い込みに抵抗する村人たちのことも意味しているのかもしれない。

しかし現代人としては、囲い込みが「改善」の精神の具現であり、農耕、牧畜双方の発展のためにも不可欠のものであることを理解するためには、まずヤングが言うところの「野蛮なゴート族やヴァンダル族」がいかなるものかを理解しなければならない。

囲い込みの対象となったのは村落の開放耕地や牧草地、共有地などだった。まずは一番重要な開放耕地から説明しよう。開放耕地は何筋もの長細い地条からなっている。その地条の標準的なサイズは縦が約二百メートル（四十ロッド）、幅約二十メートル（四ロッド）で、この面積がいわゆる一エーカーになる。それぞれの地条のあいだには境界の役割をする細い帯状の耕されていない土地があり、そしてこの地条はたいてい真ん中で二等分されていた。それぞれの地片をオックスガングと呼ぶ。前章で牛は元来食用ではなく、農耕で犂を曳くために飼われていたと説明したが、この名称もそこから来ている。

さて、開放耕地には現代人の所有の概念と乖離《かいり》する特徴が三つある。まず第一に、ある特定の所有者の耕作地が一つにまとまっていないということだ。まとまっていないどころか、わざとそうしているのではないのかというほどに、一人の所有地が開放耕地全体に分散されていた。

そして第二の特徴だが、開放耕地はたいてい大きく三つの部分に分割されている。一つ目は大麦や豆類、二つ目は小麦やライ麦などが植えられ、そして三つ目は休耕地とされた。この三つが一年ごとにローテイションするのだ。これを三圃式《さんぽしき》農法といい、三つの部分のそれぞれを耕圃《こうほ》という。耕作は共同体全体の共同作業で、犂を入れるときだけでなく、施肥《せひ》や播種《はしゅ》まで決められた時期にやることになっていた。つまり所有する耕作地の用途に関して、所有者の自由が制限されているのだ。

そして三つ目の特徴は収穫期と播種期のあいだ、個々人が持つ所有権がさらに薄れ、ある種共同体所有の様相を帯びることだ。自作農の場合も借地農の場合も、耕作地の割合に応じて家畜類をそこに送り込み、開放耕地は共同牧場と化す。この特徴は牧草地にも言えることで、干し草を作り終えるとそこも共同牧場となった。

共有地は耕作には向かない荒地である。しかしここにもさまざまな用途があった。まずは放牧だが、やはり開放耕地での耕作地の割合に応じて、農民たちはここで家畜を放牧することができた。また同様にここで木材や薪、泥炭を採取したり、さらに沼や小川がある場合には釣りをすることもできた。

以上が開放耕地のきわめて簡単な説明になるが、これだけでも農業作家たちが囲い込みを熱烈に支持する理由が分かるだろう。開放耕地制度のなかでは共同体内の約束事が多すぎて、先進的な農民たちが「改善」の精神を生かすことができないのだ。犂入れの時期ばかりか、施肥や播種の時期まで決まっているようでは、新しい作物を試すにも制約がかかる。この特徴については十六世紀に入って緩みはじめるのだが、それでも「改善」の精神が旺盛なものなら、完全に自分の裁量で運営できる農場を求めるのが自然だろう。

そして農耕についてはまだしも、牧畜で「改善」を目指すにはこれは致命的である。開放耕地であろうと、牧草地や共有地であろうと、共同牧場として利用される時期には村人全員の家畜が放し飼いである。これでは品種改良の大前提である家畜の生殖管理は困難だった。そもそも品種改良の必要性も感じず、その意識もなかったからこそこの制度が存続してきたのだろう。

十六世紀、十七世紀、いや十八世紀に入っても、家畜のタイプは環境が決定し、異なる地域から新しい家畜を買い入れても、数世代後には地元の家畜と変わらなくなってしまうという強い思い込みが農民のあいだにはあった。次の章で説明するが、これは第一章で触れた体液理論に由来する迷信である。この迷信も品種改良の発展にとって大きな障壁だった。しかし開放耕地制度のもとではこの迷信が強まるばかりだっただろう。これでは新しい品種を導入しても地元の品種と容易に交わってしまうので、数世代もすれば変わらなくなるのも当然である。したがって品種改良が始まるには、是非とも農地の囲い込みの進捗が必要だった。

われわれが中学高校の歴史の授業で学習した囲い込みは、十六世紀の第一次と十八世紀の第二次とに分かれていた。第一次の背景にあるものは羊毛であり、第二次の特色は議会での承認を必要としたことだ。これらが間違っているわけではないのだが、誤解を招きかねない部分はある。囲い込みは十一世紀から確認できる現象であり、その後十七世紀も含めて絶え間なく続き、十九世紀に終結する。十六世紀と十八世紀は頻度が高かったというだけのことだ。農業史の研究者の多くは経済史の立場から研究しているため、経済的な動機に興味が集中しがちである。十六世紀は羊毛だったかもしれないが、十八世紀には食肉生産が重要となり、十八世紀の終わりからはフランス革命を原因とした穀物価格の高騰が最大の理由になる。しかしいつの時代にも、その経済的な要因の背景には、利益を最大化しようという「改善」の精神があったのだ。

しかし囲い込みの背景にあるものとして「改善」の精神を強調し、農業や牧畜業の発展には不可欠だったと明言する以上、このことだけは断っておく必要がある。囲い込みではかならず弱者が切り捨てられた。それは議会での承認が必要になった十八世紀であろうと、それ以前のもっと手荒い時代であろうと変わらなかった。

十八世紀の囲い込みを例に、弱者切り捨ての仕組みを説明しておこう。囲い込みの手続きを始めるには、それに賛成する農家の耕作地の合計が開放耕地全体の五分の四を超えなければならなかった。そして囲い込みが実現した場合、それに反対した農民にも以前の耕作地の割合に応じて耕作地が割り当てられる。

ここまでならそれほど酷《ひど》い話に思えないかもしれないが、囲い込みには金がかかるのである。議会に提出するための法案作成の諸経費、新しい耕作地を囲い込むための柵や生垣、新しい区分けに応じた通路や排水路の設置費、農民は割り当てられた耕作地に住居を移すことになるため、家屋や農作業のための建造物の建設費、およそこれだけの負担が生まれる。もちろん耕作地の大小に応じてこれらの経費は増減したが、耕作地の小さい農民のほうが割高だったのだ。しかも囲い込みをしたからといって、自動的に土壌が改善されるわけではない。そのため、囲い込みで支払った金額のぶんだけ利益を上げようと思えば、土壌改良などのための資金も必要だった。結果として十分な財力がないものは新たに割り当てられた耕作地を売り捌くしかなかった。さらに言えば、村落には開放耕地に耕作地を持たない小農もいたのだ。多くの場合、彼らの存在は無視された。

こうした仕組みであるため、大土地所有者が何名かいる村落のほうが囲い込みの時期は早かった。逆に規模が小さな農家ばかりが集まる農村では、囲い込みの時期は遅くなる。一八〇九年、アーサー・ヤングが忌々《いまいま》しげに「野蛮なゴート族やヴァンダル族」と呼んだのはそうした村々の開放耕地だった。

囲い込みのために土地を手放さなければならなかった農民たちがどれだけいたのかは、実際にはよく分かっていない。おそらく相当数いただろう。彼らにしてみれば囲い込みの背景にあるのが富裕層の貪欲《どんよく》だろうと、あるいは先進的な農民の「改善」の精神だろうと、どうでもいい話だっただろう。ところが十八世紀に時代のイデオロギーとなっていた「改善」の精神は、彼らの存在にほとんど目もくれなかった。

イギリス農業の促進を目的とした農業改良会をヤングとともに設立し、その初代会長に収まったジョン・シンクレア卿はこう言っている。「エジプトの解放やマルタの征服に満足するのは止めよう。フィンチリーの共有地を鎮圧し、ハンズロウの荒野を征服し、エッピングの森を改善の軛《くびき》のもとに服従せしめるのだ」（フィンチリー、ハンズロウ、エッピングはいずれもロンドン近郊の地域名）。

「フィンチリーの共有地」の鎮圧とは当然囲い込みのことを言っている。農業や牧畜業の改善による生産量の増大を植民地の獲得に例えるこの言い回しは、十七世紀終わりからイギリスで盛んになった農耕詩に由来する、おそらくは十八世紀のクリシェである。農耕詩というジャンルは古代ローマのヴェルギリウスの『農耕詩』の時代から、土地の開墾を征服行為に例えるのだ。筆者は十八世紀の農業関連の文献で、何度か似たような言葉を目にしている。「改善」の旗を高々と掲げ、そのための努力を植民地獲得のための戦争に例えるなら、戦死者はやむをえなかったのかもしれない。いや悪くすれば、シンクレアの盟友であるヤングが暗示したように、彼らこそがゴート族やヴァンダル族といった討ち滅ぼすべき蛮族だったのかもしれない。彼らは当然囲い込みには反対したのだろうから。

3　農業革命

産業革命の研究で名を馳《は》せた経済史家アーノルド・トインビーや、農業史の研究者で後に政界に身を転じたローランド・プロザロらが十九世紀末に論じた古典的な「農業革命」のイメージは、今となっては農業史家のあいだではかなり怪しげなものとして疑問視されている。ところがこの古典的な「農業革命」のイメージは単純明快で分かりやすいため、農業史以外の領域ではいまだに一定の影響力を持っている。

そのイメージを簡単に要約すれば、「農業革命」は十八世紀半ばから十九世紀半ばにかけて起こった農業技術と農作物の生産性の大躍進だった。囲い込みによって非合理的な風習から解放された農地は、開放耕地で運用されていた前述の三圃制に代わって、より生産性の高い農法を採用することが可能となった。それはノーフォーク式四年輪作と呼ばれるもので、三圃制のなかでも生産性のとりわけ低い休耕地を廃してカブとクローバーを導入、穀物・カブ・穀物・クローバーと作物を四年間休みなく替えていく農法である。

カブやクローバーは家畜の飼料用作物なのだが、それ以外の機能もあった。堆肥となる家畜の糞尿を増やす効果があったのだ。さらにカブには雑草の勢いを弱める効果が、クローバーには空気中の窒素を吸収し、根に蓄えて地中の養分を高める効果があった。休耕地なしの輪作が可能となったのも、堆肥の増産やクローバーのこの性質にある。

さらに古典的な「農業革命」には、革命という言葉に相応しい「英雄」たちが登場する。囲い込みの熱烈な推奨者で、出版活動を通して農業の「改善」の実例を伝搬することに熱心だった前述のアーサー・ヤング。貴族でありながらカブに惚れ込み、ノーフォーク式四年輪作を完成させ普及させた「カブのタウンゼンド」ことチャールズ・タウンゼンド。播種機を考案してイギリス農業の機械化に先鞭をつけたジェスロウ・タルなどなど。これらの偉大な先駆者たちに導かれて、本来は頑迷で変化を嫌う農民たちが、イギリスを西洋世界で一番の農業先進国へと押し上げたのである。

これらのすべてがまるっきりの嘘というわけではない。たとえば「農業革命」の期間を十八世紀半ばから十九世紀半ばとするのは今でも有力な学説の一つであり、期間をそう設定した場合、ノーフォーク式四年輪作を「農業革命」の中核とするのが一般的だ。しかしこうした立場に立つ研究者ですら、古典的な「農業革命」の細部については否定的である。さらには、従来のものとはまったく異なる「農業革命」の学説まで生まれているのだ。

古典的な「農業革命」のイメージが疑問視されるようになったそもそもの背景には、イングランド全土を対象とした包括的な農業統計が取られるようになったのが一八六六年になってからだという事情がある。つまり十八世紀半ばから十九世紀半ばまでとされる「農業革命」の生産量の公式データはほとんど存在しない。トインビーにしろプロザロにしろ、その「農業革命」の全体像を「農業革命」が終わって間もない十九世紀末に作り上げれば、データ不足のため逆に単純で分かりやすいものになるしかなかったのだ。

農業史家たちはそれ以降、十分の一税が正しく納付されているかを確認するために聖職者たちがつけていた記録や、遺産目録にある遺産として残された農作物や家畜類の記録などといった、間接的に農作物の生産量を表現している記録を丹念に調査し、実際の生産量の近似値を割り出すといった地道な作業に専念してきた。その結果はっきりしたのは、生産性の上昇は「農業革命」よりもかなりまえから始まっていた。しかも、カブやクローバーの導入も、それどころかノーフォーク式四年輪作の成立ですら、従来の「農業革命」以前に確認できるということだった。

例えばカブはローマ時代にはガリア地方で家畜の飼料として利用されており、前述のコルメラの農業書にもその報告がある。そして農業の先進地域だったフランダースでは十三世紀にはカブが再導入され、イングランドでも十七世紀半ばには飼料として利用されていた。クローバーについても、ネーデルランドやフランダースでは十六世紀から使用されており、イングランドにも十七世紀には導入されていた。前述のウォルター・ブリースの『イングランドの改善者』にもクローバーの報告があったことはすでに触れている。そしてなによりも、カブとクローバーを利用した四年輪作はノーフォークではすでに十七世紀後半には始まっていた。

また「農業革命」の「英雄」たちも、その評価がかなり怪しげなものに変わってきた。例えばアーサー・ヤングは農業技術の普及活動に入るまえには農場を所有していたが、その経営に失敗していた。さらに農業技術の報告者としての能力や彼が報告した農地の生産量の信頼度にも疑問を投げかける研究者もいる。ノーフォークにある「カブのタウンゼンド」の農場では、すでに十七世紀末、彼が少年の頃よりカブが栽培されていたことが分かっている。ジェスロウ・タルは播種機を一七〇一年に発明するが、実際には西洋最初の播種機の設計図は十六世紀初頭に出版されている。だがそれ以上に、イギリスで播種機が普及するのは十九世紀半ば、つまり「農業革命」も終わりになってからだ。農業の機械化も「農業革命」が終わってからの現象である。

こうした後世の研究者たちの地道な調査のおかげで、『イングランドの農業革命』のマーク・オウヴァトンによれば、現在では「農業革命」の時期だけに着目した場合ですら、五種類の学説が出ている。一五六〇年から一八八〇年のあいだに、五つの「農業革命」があると言うのだ。本書のテーマとは直接関わらないため、それらの「農業革命」一つ一つをここで紹介するのは差し控えるが、逆に言えば生産性の上昇やその原因となった「改善」は、すでに一五六〇年から始まり、継続していたことになる。

本書においては従来どおり、「農業革命」を十八世紀半ばから十九世紀半ばにかけての事象として扱う。いろいろな学説があるものの、やはりこの時代に生産力の上昇があったことは確かなことだからだ。またノーフォーク式四年輪作が成立したのは十七世紀の後半だが、マーク・オウヴァトンによれば、それがイギリス全土に普及していくのは十八世紀に入ってからのことになる。

そしてノーフォーク式四年輪作には、イギリスの食肉生産の問題をテーマとする本書にとって、農産物全体の生産性の上昇以上に重要な特徴がある。この農法の肝は、穀物の生産性を落とすことなく飼料作物の生産性を高めたことにある。つまりこの農法の普及は、イギリス全土で飼育可能な家畜の限界値自体を大きく上昇させたのだ。家畜を肥え太らせて市場に送り出す「グレイジアー」は、この革命のおかげでさらに上質の食肉を大量に生産できるようになった。「農業革命」のこの側面は無視するわけにはいかない。

もちろん「農業革命」について従来どおりの学説を採用したからといって、それ以前に成立、普及した牧畜業における「改善」を軽視するわけではない。実際、十七世紀は新しい牧草類が多数導入され、牧草地の栄養価を高めた時代だった。クローバーはノーフォーク式四年輪作で利用されるようになる以前から、牧草地にじかに播《ま》かれ、牧草の栄養価のみならず牧草地の地味まで高める働きをした。クローバー以外にも、クローバーと同じマメ科のイガマメ、アルファルファやシャジクソウ、また従来の牧草よりも栄養価の高いライグラスなどが導入され、牧草地で飼育可能な家畜の頭数を上昇させた。「農業革命」とは十八世紀半ばになって突如として始まった現象ではなく、それ以前から続く「改善」の一つの頂点だったのだ。ただしノーフォーク式四年輪作を含め、こうした「改善」の数々も囲い込まれた農地や牧草地でのみ実現したことではあるのだが。

第三章　品種改良のロジック

1　血と牧草地

シェイクスピアの歴史劇『ヘンリー五世』の第三幕第一場、フランスのハーフラーの攻城戦において、ヘンリー五世は城門前で将兵にさらなる奮戦を訴える。面白いのは、勇気を引き出すためにヘンリー五世が用いたキーワードが将と兵とではそれぞれ異なることだ。将である貴族に王がかけた言葉は高貴な血に訴えるものだった。

進め、進め、気高いイングランド人よ。
汝らの血は戦で武勇を示した父から受け継いだものだ。
……

母に汚名を着せるでないぞ。いまこそ証明せよ。
汝らが父と呼ぶものこそ汝らを儲《もう》けたその人であることを。

そして取り立てて誇るべき血筋を持たない自作農のヨーマンには、血の代わりに生まれた場所を引き合いに出す。

そして忠実なヨーマンたちよ。
汝らの手足はイングランドで造られたのだ。ここに余に示せ。
汝らの牧草地《パスチャ》の本質を。余に言わしめるがよい。
汝らこそその育ち《ブリーディング》に相応しきものたちだと。

一八六五年にグレゴール・ヨハン・メンデルが「メンデルの法則」を発表する。しかし家畜の意図的な品種改良は、そのはるか以前から行われている。つまり農民たちは、「メンデルの法則」程度の助けもない状況で、家畜の遺伝に関わるこの作業を行ってきた。それでは彼らはどういった理屈に基づいて家畜を改善してきたのか。遺伝という現象はどのように理解され、説明されていたのか。そもそも家畜の形質や資質を決定するのは、遺伝だけだと考えられていたのか。

つまり品種改良を行う当時の農民の出発点は、遺伝の法則がかなりのところまで科学的に解明されている現代のブリーダーたちとはまったく違う。その出発点をまず理解しなければ、彼らが辿ってきた足跡を一つの物語として眺めることはできない。そしてその出発点を説明するキーワードが、この引用のなかにある「血」と「牧草地」という言葉になる。人間をも含む動物の形質や資質は、「血」による遺伝と「牧草地」が象徴する育った環境が決定する、と彼らは考えた。しかも現代人が想像する以上に、環境の影響力が強いと信じていたのだ。

だが遺伝と環境の影響についてどう考えているのか、しっかり系統だった説明を農民たちは記録に残さない。そこでまず、ギリシア・ローマの古典哲学がこの問題についてどう考えていたかを解説しよう。西洋では十七世紀に入るまで、この問題を医学的に説明するのは唯一、古典哲学だけだった。

子が親に似ることは古代より認識されてきた道理で、ギリシアのヒポクラテスとアリストテレスがそれぞれこの現象を医学的に説明しようとしている。医学の祖とされるヒポクラテスは四体液を軸とした体液理論をギリシアで最初に唱えた人物とされている。前述したとおり、人間の体液は血液、胆汁、黒胆汁、粘液からなる。そしてこの四体液の体内での割合は人それぞれで異なるのだが、その固有の割合が崩れた状態が病気になる。ヒポクラテスは『精子』のなかで、人間（および動物）の男性、女性の「精子」の生成の秘密も体液理論に基づいて説明し、あわせて子が親に似る、現代の言葉で言えば遺伝の問題についても解説している。

ヒポクラテスによれば精子は四つの体液それぞれの「もっとも濃い部分から出来ている」。性交時のペニスへの摩擦から生まれた熱が体内の四つの体液を温め、その結果「泡」が発生するのだが、この「泡」がそれぞれの体液の「もっとも濃い部分」である。この「泡」が全身から脳に集まり、そこから脊髄、腎臓、睾丸、ペニスの経路を辿って、体外に射出される。ヒポクラテスは女性も性交時に快楽を経験し、体内からなにかしらを分泌することから、女性も精子を生成すると考えている。ただしその生成の過程や射出の経路を男性の場合ほど明確に説明してはいない。いずれにせよこの両者の「精子」が子宮のなかで混ざり合って凝固し、胎児に成長することになる。

さてこれらの「精子は両親それぞれの全身から来た生成物」である。このために親の肉体の情報が子供に伝えられるのだ。そして「肉体のある部分に由来する精子の量が母親のそれより父親のほうが多い場合、その部分については子供は父親により似ることになり、逆もまたしかりである」。つまりヒポクラテスは男女の区別なく、両親双方が子供への遺伝にひとしく関わっていると考えた。

一方アリストテレスの場合、ヒポクラテス以前から精子の生成素材と考えられていた血液に着目する。血液は肉体のすべての器官に栄養を運ぶ。アリストテレスの考えでは、その栄養はその器官に到達して実際にその器官の一部へと変じるわけだから、そうなる以前から、その器官に変じる可能性を秘めている。つまりそれぞれの器官の情報を血液は持っているわけである。男性の場合も女性の場合も、それぞれの器官の成長、維持のために一定量の血液が必要になるわけだが、それを越えた「残余」の部分が体内の熱により「調合」されて、生殖行為のさい子孫に遺伝情報を伝える物質となる。そのために、「子供が親に似ると予期しうるのだ。というのも、肉体のさまざまな部分に分配されたもの（血液）と、残されたもの（残余）とのあいだには類似があるからだ」（『動物発生論』）。

しかしアリストテレスの考えでは、血液の「残余」が「調合」される過程と、その結果生成される遺伝情報を伝える物質とにおいて、男女のあいだで違いがある。血液が「調合」されるには体内の熱が必要なのだが、男性のほうが熱が高く、女性のほうが熱が低い。そのため男性のほうが「調合」がより完全で、その結果血液の「残余」は精子となる。それに対して熱の低い女性の場合「調合」が不完全で、遺伝情報を伝える物質として生成されるのは月経時の血液となる。当然前者のほうが後者よりも、遺伝に影響する能力は高い。

アリストテレスは遺伝されるものを大きく二つに分類することで、遺伝情報を伝える物質における男女の能力の違いを整理している。肉体的な特徴に影響を与える次元の低い遺伝については、男性の精子も女性の月経時の血液もそれに影響する力がある。しかしより次元の高い性格や習性の遺伝については、男性の精子だけが決定力を持つようだ。

メンデルが登場するまでに遺伝について解説した論者はそれなりにいるが、アリストテレスを除けば、本質的にはヒポクラテスのそれと変わらない。遺伝情報を持つ物質が身体中から精子等に集まるという考え方だ。アリストテレスは血液がもともと遺伝情報を有していると考えた。遺伝の能力に男女で差をつけたのも彼独自の発想になる。

ヒポクラテスとアリストテレスはさまざまな部分で相矛盾しているのだが、すくなくとも十七世紀に入るまではそれぞれが影響力を持ってきた。遺伝情報を伝達する物質の素材としてはアリストテレスの血液のほうが影響力が強かったかもしれない。ヒポクラテスの体液理論は紀元二世紀のローマ時代の医師ガレノスに継承され、発展する。その後の西洋世界への影響ということでは、ヒポクラテスよりもガレノスのほうが大きい。そして第一章でも触れたことだが、そのガレノスも精子を生成する素材は血液としている。ただしガレノスの場合、ヒポクラテス同様、女性も精子を生成すると考えているのだが。

ちなみにシェイクスピアは『ヘンリー五世』において、アリストテレスの論説を採用している。貴族たちは「戦で武勇を示した」父から「血」を受け継いだ。この資質はまさしく性格や習性に関わる高次の遺伝によるもので、女性である母親の性格や習性は子供に伝わることはない。だからこそ父親と同じ資質を戦場で証明できない場合、母親に不貞の汚名を着せることになる。「血統」という意味でbloodという言葉を使う場合、その背景には一応の医学的な根拠もあったわけだ。

だがシェイクスピアはアリストテレスの論説を採用したとしても、十七世紀に入るまで、いや実際には十八世紀、十九世紀に入ってからも、遺伝に関しては相矛盾した見解が数多く並列していた。まず精子を生成する素材は何なのか。精子は男女が共有するものなのか、男性だけのものなのか（「卵子」の存在に関しては、十七世紀に血液の循環を発見したウィリアム・ハーヴィが、当時いちじるしく進歩を遂げた解剖学上の所見から推測している）。そして遺伝における男女の役割はいかなるものか。

マイナーな問題まで含めると、遺伝に関わる問題はさらに不確かなものになる。胎児は子宮のなかで遺伝情報を有した母親の血液から栄養を受け取るわけだが、その遺伝への影響はどうなるのか。また母乳も血液から生成されることは当時も知られていたわけで、母乳の遺伝への影響はどうなるのか。さらに別の男性とのあいだに関係を持った女性とのあいだに子供を儲《もう》けた場合、その子供に対する別の男性の「残留精子」による遺伝上の影響はどうなるのか。男性としては笑いごとにできないのは、女性が性交時に強く持った印象が、子供の形質に影響を与えるという迷信である。もし妻が不倫をしたとしても、その性交時に間抜けな夫の顔を強くイメージしていれば、生まれてくる子供は夫に似ることになる。こうなるともはや血統などただの冗談でしかなくなってしまう。

品種改良を行う農民たちが実際にはどの程度こうした遺伝についての「医学的」な説明を知悉《ちしつ》していたかははっきりしない。農民と言っても大農園の経営者などは当然こうした知識に触れることはできただろう。また前章で紹介したような農業書の作家たちなら、知っていたとしても不思議はない。もちろん知っていたとしても、このような不確かな説明では、品種改良の役に立つどころか、かえって混乱させたかもしれないが。しかし古典哲学の品種改良にとっての最大の問題点はその不確かさにあるのではない。アリストテレスの場合はまだしも、ヒポクラテスの説明では、遺伝情報を伝える「精子」の力は「牧草地」の力を超えることができないのだ。つまり「牧草地」こそが家畜の品種《ブリード》を決定する。だとすれば品種改良はおろか、環境が異なる地域の優良品種を移植することさえ困難になってしまう。

2　環境という名の牢獄

環境が家畜の品種を決定するという確信が、なぜ農民たちのあいだに広まったのか。一つには、実際に環境が家畜に影響を与えるケースがあるということがある。たとえば羊の毛質は「牧草地」の質に影響を受ける。飼料や気温に左右されやすいのだ。後述するが、囲い込みや牧草その他の飼料用作物の改善が進んだ十七世紀から十八世紀にかけてのイングランドでは、羊の毛質が大きく変化した。この変化は十六世紀にはすでに始まっていたと考えられている。ヨーマンを羊に見立ててヘンリー五世に「牧草地」というキーワードを使わせたシェイクスピアは、あながち見当外れだというわけではない。

ただ問題なのは、農民や農業作家たちが頻繁に見せる環境の影響力への不安の強度である。あたかも遺伝の力は環境のまえには無力だと言わんばかりなのだ。この不安は農地の囲い込みがある程度進み、カブやクローバーなど、優れた飼料用作物の栽培が広まりはじめていた十八世紀初頭のイングランドにおいてすら、いまだに報告されることがあった。エドワード・リールが『農業においての所見』（一七五七年）のなかで、移植した優良品種が数世代で劣化してしまうという、一七〇六年のレスターシャのキャプテン・テイトなる農民の苦情を報告している。

当時レスターシャの北方にあるランカシャでは優良なロングホーン種の牛を産出していた。しかしキャプテン・テイトが言うには、「レスターシャの土地はランカシャの土地よりも肥えているのに、彼ら（レスターシャの農民）がランカシャの人間から牛や子牛を買っても、それを維持することができず、三世代もたつとレスターシャの品種へと劣化してしまう」。リールは理由を尋ねたが、キャプテン・テイトは答えることができなかった。

なぜ劣化してしまうのか、その現実的な理由の考察は後に譲ろう。ここではまず、品種改良を志す農民が置かれた不確かな土台を理解するために、農民たちのこうした経験を当時の医学理論がどのように説明していたのかを確認しよう。当時の医学理論とは当然、前述の体液理論である。

体液理論は十七世紀に入るまでは西洋医学の根本理論で、十八世紀に入ってからも、領域によってはいまだに通用していた。この理論はたんに人間や動物の身体の状態を体液のバランスで説明しているだけではない。身体とそれを取り巻く環境、それこそ天体の運行までをも含む環境との関係を説明している。

身体の四体液は万物を構成する四元素と対応していることは、第一章で説明した。その関係をもう一度ここで確認しておくと、血液は空気と同じで温かく湿っている。胆汁は温かく乾いていて火と対応している。黒胆汁と対応するのは土で、どちらも乾いていて冷たく、粘液は冷たくて湿っていて、水と関係している。そして万物の一部である食物も四元素で構成されていることもすでに説明したとおりだ。そのため、体液のバランスを崩して病気になった場合、そのバランスは食べ物によって回復できるし、また逆に同じ物ばかり食べていると健康な個体でもバランスを崩してしまう。食物を媒介として生物は環境の影響をその体液に受けるのだ。

だが体液のバランスに影響するのは食べ物ばかりではない。年齢もそれに影響する。若いうちは熱が高く、血液の量が多い。ところが歳を取るにつれて体が冷えていき、粘液の量が増える。季節の移り変わりも重要である。春は暖かく湿っているので血液の量が増大し、夏は暑く乾いているので胆汁が増える。秋は乾いて寒いので黒胆汁の量が増え、冬は寒く湿っているので粘液が増える。

しかし季節の移り変わり程度で体液のバランスが変化するというのであれば、たとえば寒冷の地や灼熱の地で暮らしている人間や動物はどうなるのだろう。この問題を理解するうえで役に立つのが、ヒポクラテスの『水、空気、場所について』になる。

この論説の前半部の目的は、人間を取り巻く環境、つまり季節の移り変わりや風向きなどの気候条件の変化、水の性質などが、その風土特有の病気とどう関わっているかを、体液理論に基づいて説明することだ。ときおりそうした環境として天体の運行などにも言及されるが、病気の原因を探るために人間だけを観るのではなく、それを取り巻く環境全般に目を向けるあたりは、現代的とすら言える態度である。しかしこの論説はそうした前半部からおもむろに後半部へと移行する。そこで論じられるテーマは、現代人の感覚では前半部のテーマとまったく噛みあわない。人種や民族のあいだの相違が、それまで病気との関連で語られてきた環境や、あるいは風俗や制度の相違といかに関わっているかが語られるのだ。

たとえば当時黒海北方で勢力のあった遊牧民族のスキタイ族を、ヒポクラテスはエジプト人と比較してこう言っている。「ただ後者（エジプト人）は暑熱によって、前者（スキタイ族）は寒冷によって悩まされる点がちがうのである」（『古い医術について』、小川政恭訳）。スキタイ族の土地は草原であり、川があるため水気はあるが、北方からの風につねに晒《さら》され、ほぼ一年中が冬である。そのためスキタイ族の体質は一様に冷たく湿った「粘液質」の水っぽいものとなる。「これらの必然のために、彼らの体形は肥満し、肉がつき、関節があらわれず、水気が多く、ひきしまらず、あらゆる内臓のうちでは下腹部のものがもっとも水気を含んでいる」。そして「このような体質は多産ではあり得ない。なぜなら男性はその体質が水気が多く、内臓が軟らかくて冷えるために、性欲があまりおこらないからである」。

つまりこの論説においては、環境の相違が引き起こすものとして、病気と人種や民族の身体および性格上の特徴とがほぼ同列に扱われている。しかし環境が一個人の健康だけではなく、人種や民族全体にそうした影響を与えると論ずるのであれば、遺伝の問題抜きに済ますわけにはいかない。ヒポクラテスはこの後半部において、何度か遺伝の問題について触れている。そのうちのいくつかを紹介しよう。

この後半部には「長頭族」なる部族の説明がある。とにかく長い頭が特徴なのだが、その長い頭を作り出すために、その部族は生まれたばかりの子供の頭に包帯を巻くなどして矯正する。ところが長い年月のうちにそうした矯正なしでも頭が長い子供が生まれてくるようになった。「なぜなら精子は身体中のいたるところから発生するのであって、健康な部位からは健康な、病弱な部位からは病弱な精子が発生する。それゆえたいていの場合禿《とく》頭《とう》の両親からは禿頭の、灰色の眼の両親からは灰色の眼の、斜視の両親からは斜視の子供ができ、その他の体形についても同じ道理があてはまるとするならば、長頭の親から長頭の子供ができるのに何のさまたげがあろうか」。

つまりヒポクラテスは遺伝についての理論を説いてはいるのだが、その理論においては後天的に獲得した形質も遺伝の対象たりうるのである。だとすれば病気と人種や民族の差異が同列に語られるのも頷《うなず》ける。仮に特別な儀式や戦争などが理由で、代々片目を失ってきた一族がいた場合、やがては生まれながらに片目しかない子供が生まれても、何の不思議もないことになる。ヒポクラテスの体液理論と、その理論に基づき説明された遺伝の理論においては、人間にしろそれ以外の動物にしろ、身体の形はそれほどまでに危ういものだった。だとすれば違う環境から移植されてきた牛や羊なりの品種が、何代か経つうちに地元の品種と変わらぬ形状になったところで、何の不思議があるだろう。ヒポクラテスの理論では先天的な形質と後天的な形質との区別がつけられず、そのため子孫の形質を決定する要因としては、つねに環境が遺伝の上位に来ることになるのだ。

『水、空気、場所について』の後半部でヒポクラテスが示した遺伝に関する考えを、もう一つだけ紹介する。ヒポクラテスはアジアの諸民族はそれぞれの民族のなかでの個々人の差異があまりなく一様だと考えている。それに対しヨーロッパの場合、それぞれの民族のなかでも、身長や体形にさまざまなヴァリエイションがある。その理由を彼は、アジアは四季の変化が乏しく一様であり、ヨーロッパは四季の違いが激しいためだと考えている。というのも、四季の違いが激しい場合、「胎児の形成に際して精液の凝固が時々によって異なり、同一の精液でも夏と冬、雨期と乾燥期では同じにには凝固せぬ」からだ。つまりヒポクラテスの理論では遺伝が環境の下位に来るというだけでなく、遺伝の仕組みそれ自体が環境の影響を受けるということだ。環境と人体との関係を重視した体液理論に立脚して遺伝の仕組みを組み立てた以上、これは当たり前のことかもしれない。

アリストテレスの遺伝の理論においては、血液がもともと遺伝情報を持っていることになっている。ヒポクラテスの場合のように、後天的に獲得したある部位の形質が、その部位にある体液の遺伝情報に影響を与えるという考え方ではない。そのため後天的に獲得した形質の遺伝については、ヒポクラテスの理論よりは否定的である可能性があるが、この問題についてアリストテレスはとくに言及していない。しかし遺伝の仕組み自体が環境の影響下にあるということについては、やはりアリストテレスの理論にも当てはまる。血液だけが精子の素材になるとはいえ、血液も四体液の一つだからだ。

このことと無関係ではないのだろう。ギリシアでは若年者と高齢者の生殖行為で生まれた子供は虚弱であるという偏見があった。プラトンが『国家』のなかで、理想の国家を建設するために優生学的な手法を取り入れるべきだと主張しているのは有名である。子作りを優先して奨励すべき男女の条件としてプラトンが挙げたのが、血統と年齢である。血統がよくても、壮年の盛りにある親からでなければ、優秀な子供は生まれない。これはスパルタの場合も同様である。スパルタでは実際に健康な子供を儲けるために優生学的な政策がとられていたが、有名な虚弱児の遺棄以外にも、男女ともに壮年の盛りになければ結婚が許されないという掟もあった。若年および老齢による弱さが遺伝すると考えたわけだ。

これは家畜のブリーディングでも見られる態度で、たとえば前章で紹介したローマのコルメラは言っている。「年老いた家畜の子はたいてい親から引き継いだ老齢の特質を再生させ、子を産まなかったり、虚弱になってしまう」(『農業について』第七巻第三章)。前述したとおり、体液のバランスは年齢によっても変化する。当然、親の年齢によって生まれてくる子供の形質、性格も違ってくることになる。

ヘンリー五世は「血」と「牧草地」という二つのキーワードを使って将兵に語りかけた。一見、この二つのキーワードは並列されているため、個体の形質を決定するうえで、どちらも対等の重要度を持っているかのように見える。いや、「血」は貴族の血統のことを語ってもいるので、もしかしたら「血」のほうが重要度が高いとすら見えるかもしれない。しかしシェイクスピアの時代においても医学的には、「牧草地」は「血」に勝るのである。家畜のどの部分が遺伝の影響を受け、どの部分が環境の影響を受けるかは、たしかに現代でも見極めが難しいことがある。しかしそうした困難な状況に直面した場合、彼らが助言を仰ぐことができる医学理論は、つねに環境に軍配を挙げるのだ。ここが家畜の品種改良を志した農民たちの出発点だった。

農民たちの視点に立って考えてみよう。いかに資金を投じようとも、いかに労力を費やそうとも、環境が許す範囲内でしか家畜は改善することはできない。環境の異なる地域に優良な品種がいようとも、その品種を購入して異種交配（クロスブリーディング）で地元の品種を改善することも、あるいはその品種を移植することすら困難なのだ。すくなくとも当時の医学はそのように教えていた。農民にとって、「環境」とは世界を現状のままに固定する牢獄であり、宿命だった。大袈裟に言えば、品種改良とはその牢獄を破壊し、変わらぬ世界に変革をもたらす行為なのである。

3　環境の壁への挑戦

もちろん体液理論はあくまで医学理論である。たしかに家畜を含む動物にまで敷衍《ふえん》できる理論ではあるが、実際の農業の現場でこの理論はどこまで影響力を持っていたのだろう。そして農民たちは環境の定める宿命におとなしく従っていたのか、それとも「血」の力でその宿命を乗り越えようとしていたのか。話を進めるまえに、環境と遺伝に対する実際の農民たちの態度を時代の流れのなかで概観しておきたい。

まずはローマ時代のコルメラについてだが、前述の年老いた家畜の交配に関しては、たしかに体液理論の影響を見て取ることができる。また、一般論としては環境の影響を重視している。たとえば牛を購入する際に気をつけなければならないのは、「牛には身体的な形状や気質、毛の色においてさまざまなヴァリエイションがあり、それはその牛が生息する地域の特性や気候によって決まる」（『農業について』第六巻第一章）ことだ。これは羊についても言えることで、「その土地に合った羊の品種を選ぶべきで、この原則は羊だけでなく、農業の全分野において守られるべきだ」（第七巻第二章）。「地元で生まれた子羊のほうが、遠くから連れてこられた子羊よりもずっと有益である」（第七巻第三章）。

しかし前章でも紹介したとおり、コルメラは実験に基づく改善を重視した人物である。遺伝に環境のまえに完全に屈し、「血」による品種改良をまったく諦めたわけではない。遺伝に関してはアリストテレスの論説を採用しているようで、「あらゆる四足獣において、外見のいい牡こそがわれわれが用心深く選別しなければならない対象である。というのも子というのは牝親よりも牡親に似るケースが多いからだ」（第七巻第九章）。

繁殖用に選別すべき牡親の特徴についても細々《こまごま》した指示を出しているが、これはほんの一部だけ紹介しよう。たとえば牡羊の場合なら、「幅が広く、背丈の高いものがいい。腹は垂れ、毛深く、尾はとても長い」ものがいい。「羊毛はこんもりしており、額は広く、大きな睾丸」を持つものを選ぶべきだ（第七巻第三章）といった具合だ。

しかし注目すべきは、環境に合わせて品種を選ぶよう忠告しておきながら、かなりの遠隔地から導入した品種を、地元の品種とクロスブリーディングで掛け合わせて新しい品種を生み出した事例も紹介していることだ。スペインに住むコルメラの叔父が、北アフリカから運び込まれた「素晴らしい毛色の野生の牡羊」を数頭購入した。ただしこの牡羊は毛色は素晴らしいのだが、毛質が粗い。そこでコルメラの叔父はいったんその牡羊たちを飼いならし、毛質のいいタレントゥム（イタリア南東部の都市。現在のタラント）種の牝羊と掛け合わせた。生まれた子羊は毛色、毛質ともに牡親と同じだった。その子羊の牡を叔父はもう一度タレントゥム種の牝と掛け合わせた。するとその子羊は毛色も毛質も素晴らしく、その子孫も同じ特徴を維持しつづけた。コルメラの叔父が言うには、「野生動物のどんな外観も、野蛮な性質を飼いならせば、第二世代やその後の世代の子孫のうちに再現できる」（第七巻第二章）とのことだ。

つまりコルメラの時代、ローマの農場主たちは環境の品種への影響力に注意を払いながらも、品種改良を諦めていたわけではなく、「血」の力で環境の影響力に挑戦していた。もちろん優秀な農場主に限ってのことだろうが、すくなくともコルメラの文面からはそう読み取れる。

コルメラの農業書を読んだであろう近代初期以降のイングランドの農業作家たちは、コルメラのこうした態度を受け継いだのだろうか。概して言えば、十六世紀のイングランドの農業書には「血」の力の活用、つまり品種改良についての記述は、ローマ時代のそれと比較すると驚くほど少ない。

たとえばフィッツハーバートの『農業の書』(一五二三年)は品種改良は当然のこと、繁殖用の家畜の牡や牝の選別についてもまったく触れていない。十六世紀も半ばに出版されたトマス・タッサーの『よき農業の(五)百のポイント』(一五五七年、一五七三年)などは、子羊が生まれる三月の農事の忠告として、「今すべての子羊を去勢せよ」と言っている。もちろん交配用の牡羊は残しておくのだろう。しかし生まれてすぐに去勢するということであれば、交配用の牡羊の選別はまったくのランダムで、形質の違いなどは無視することになる。

十六世紀の牧畜の現場で、交配用の牡羊の選別が実際にはどのように行われていたかを示す情報がないため、農業作家の品種改良に対するこうした態度だけで当時の牧畜の実態を判断するのは危険である。しかしコルメラや、そして十七世紀以降の農業書の態度と比較すると、十六世紀の農業書のこの問題に対する態度は特異と言っていい。

農業書の次元においても、実際の農民が残した記録の面でも、こうした態度に変化が生まれるのは十七世紀に入ってからになる。まずは十七世紀初頭のジャーヴェイス・マーカムを見てみよう。イングランドには歴史的に羊の品種が多い。そのさまざまな品種を生息する地域ごとに、網羅的に紹介したイングランドで最初の資料が、マーカムの『安くて素晴らしい農業』（一六三一年）になる。そのなかで彼は「牧場に優良な羊を入れようと思うのなら、その牧場の土の特質を調べなければならない。というのも、羊というのは生息する場所の土と空気しだいで、その特質や性質を変化させるからだ」と言っている。ことに土の毛の色への影響は重大で、「赤土が一番いい」そうだ。

土と空気は体液理論で言うところの四元素でもある。その意味ではコルメラと同様、マーカムも環境の影響を重視しているのだが、やはりコルメラと同様、「血」の力をまったく無視しているわけではない。そしてこれまたコルメラと同様、アリストテレスを根拠にブリーディングにおける牡の重要性を説いている。畜牛について解説するにあたり、まず繁殖用の去勢していない牡牛から話を始める理由を、「すべての家畜において牡こそが生き物の血統や生殖のなかで第一位の存在であり、その精子から生まれる成果は外見上の姿と内面上の特質にもっとも関係しているから」だとしている。

「血」を重視する態度は羊についても同じだ。タッサーとは違い、子羊の去勢の時期は九月二十九日のミカエル祭としている。つまり通常羊は三月に生まれるので、生後六か月ということになる。これであれば形質や資質によって繁殖用の牡羊を選別するのは可能だろう。マーカムによれば、選別すべきは子羊のなかでも「もっとも価値あるもの」ということだ。

マーカムの『安くて素晴らしい農業』には、コルメラのように明らかに環境の影響を乗り越えた品種改良の実例の紹介はない。その意味ではあくまで環境の許す範囲内での家畜の改善をマーカムは意図しているのかもしれない。しかし繁殖用の牡の重視は品種改良において、もっと実用的な理由で重要である。その理由をマーカムと同時代の農民であるヘンリー・ベストが、私用に記録していた備忘録のなかで説明している。

ヘンリー・ベストはヨークシャのヨーマンで、マーカムのような農業作家というわけではないのだが、彼の備忘録と会計簿は、当時の実際の農民の経営手法を理解する第一級の資料として、農業史の方面では農業作家の農業書よりも重宝されている。その彼が言うには、「もっとも分別ある牧羊業者は、あらゆる可能な手段を尽くしていい牡羊を自分の牝羊に用意しようと努力する。というのも、彼らが言うように、出来の悪い牝羊一頭は出来の悪い子羊一頭をもたらす。だがその牝羊がだめにするのは一頭だけのこと。ところが出来の悪い牡羊は多くをだめにしてしまう可能性がある」（傍点は原文ではイタリック）。

家畜の飼育においては少数の牡を多数の牝に交配させる。それ以外の牡は去勢してしまうわけで、羊の場合、ベストは一番いい割合は牡四頭に牝百二十頭だと言っている。つまり牡一頭に対して牝三十頭ということになる。それだけ牡の「血」の影響力は重大なわけで、それを重視することは家畜の改善のための基本中の基本であり、仮にその改善が環境の許す範囲内であったにせよ、本格的な家畜の品種改良の開始に向けての第一歩は、すでに十七世紀の初頭には踏み出されていたことになる。

ちなみにベストによれば、繁殖用に選別すべき牡羊は「大きくて肉づきのバランスがよく、滑らかで上質の毛と、長くてもじゃもじゃの尻尾を持ち、角がなく、ふぐりに玉の二つ入っている」ものということだ。ただし子羊を去勢する時期は生後二か月ということで、これではその選別も、やはりランダムになるしかない。また彼も例の年齢と遺伝の迷信を信じており、若すぎたり年を取りすぎた羊の交配を避けるべき理由を、体液理論の用語を用いて説明している。交配用に使用する羊は二歳と三か月以上で、五歳までとするべきだ。というのも「若すぎると血が熱く、疥癬《かいせん》（皮膚病の一種）をもたらしやすい。年を取りすぎると根本的な湿り気が失われてしまう」。

十七世紀半ばからはサミュエル・ハートリブの『彼の遺言、あるいはブラバントとフランダースで用いられる農業論詳細』（一六五一年）を紹介しよう。ハートリブは当時ポーランド領だったプロシアの生まれで、後年イングランドに帰化した人物である。たいへんな博識家で、その興味の対象は科学、教育、政治、医学、農業と多岐にわたり、清教徒革命期には革命政府の知識人階級の中心的な人物だった。前章で農業作家のウォルター・ブリースを紹介したが、彼が処女作を改訂して『改善されたイングランドの改善者』を執筆したきっかけも、ハートリブの人脈と交わり、刺激を受けたからだと言われている。

『彼の遺言』はハートリブの剽窃《ひょうせつ》だとされているが、そのことはここでは重要ではない。『彼の遺言』の目的はブラバントやフランダースといった、ネーデルランドの先進的な農業技術をイングランドの後進的な技術と比較して、イングランドの農業に改善をもたらすことだ。その言によればイングランドの牧羊業者は「大きさ、頑強さ、良質な羊毛という点で、最良の品種の羊を手に入れることに興味がない」。そして「極上の毛を持つスペインの羊」をどうして導入しないのかと嘆いている。

この「スペインの羊」とはおそらくメリノ種のことで、当時ヨーロッパで最高の毛質を誇っていた。メリノ種が十七世紀のイングランドの牧羊業に与えた影響については後述する。「スペインの羊」を導入する目的は、「永続しなくても、しばらくのあいだわれわれの羊毛を改良する《メンド》」ことである。mendという単語は牧畜業で用いられた場合、「品種改良をする」という意味でよく使われるが、この文脈ではメリノ種をたんに移植してイングランド産の羊毛の質を上げるべきだと言っているのか、メリノ種を地元の羊とクロスブリーディングで掛け合わせて、もっと毛質のいい品種を作るべきだと言っているのかはよく分からない。しかしいずれにしろ、まったく気候の異なるスペインからの導入になる。

面白いのは、移植であるにしろ、品種改良であるにしろ、その効果は「しばらくのあいだ」しか持続しないと、筆者が確信していることだ。十七世紀半ばでも、それほど環境の影響は当然視されていた。しかしそれでもメリノ種の導入を推奨しているのである。おそらく移植の場合も品種改良の場合も、世代ごとに繰り返しメリノ種の牡羊を交配用に導入しつづけ、異なる環境の影響で品種が劣化するのを防ぐというブリーディングの戦略を意図してのことかもしれない。後述するが、この戦略はすでに馬のブリーディングで実際に行われていた。環境という宿命に「血」の力でなんとか風穴を開けようという意志が、すくなくとも筆者からはうかがえる。

そして十八世紀初頭には、前述の『農業においての所見』でエドワード・リールが報告したレスターシャのキャプテン・テイトの苦情がある。しかしランカシャの牛を購入してもも三世代もすればレスターシャの牛に劣化してしまうというテイトの苦情は、裏返してみればこう言うこともできる。ランカシャではそれだけ素晴らしい牛が産出されていた。実際、テイトがリールに苦情を言う五十年前に、イングランド農業の後進性を嘆くハートリブの『彼の遺言』も、渋々《しぶしぶ》ながらランカシャの酪農家の優秀性を認めている。そしてもう一つ、こうした苦情が出る以上、レスターシャの農民のなかにも環境の違いに怯《ひる》むことなく、ランカシャの優良種を導入しようとしたものたちがいたということだ。

なぜランカシャの牛が劣化してしまうのか、リールの質問にテイトは答えることができなかった。しかしリールは別の農民である「クラーク氏」にもこの理由を尋ねている。「クラーク氏」は優秀な農業経営者だったようで、リールは『農業においての所見』のなかで、何度も彼の言葉を紹介している。その「クラーク氏」の答えはこうだった。「レスターシャの人間はランカシャの酪農家ほど、牛のブリーディングや管理において優秀ではないからだ」。

たしかに家畜は実際に環境の影響を受けることがある。ただその事実はあるにせよ、体液理論を鵜呑《うの》みにする知識人だけでなく、現場の農民たちのあいだでまで、家畜への環境の支配が絶大であるという「常識」がなぜ広まってしまったのか、その理由の一つがこのやりとりのなかにうかがえる。優良品種を移植するというが、それは言葉でいうほど簡単なことではない。「クラーク氏」が言うように、それには一定のレベルの「ブリーディングや管理」の技術が必要なのだ。

優秀なランカシャの酪農家たちは低年齢の家畜は交配に向かないという、おそらくは体液理論由来の例の迷信からも解放されていた。「クラーク氏」が言うには、ランカシャでは牡牛の生殖年齢を一歳にまで引き下げるために、特別な離乳食を子牛に与えていた。

「子牛を大きくするために、彼らは離乳のときに乳脂を取り除いていないミルクを与えている。ところがレスターシャでは、乳脂を取り除いたミルクとホエー（チーズを作るときに凝乳と分離した液）を与えている。この食事法がランカシャの品種をわれわれのものよりずっと改善したのだ」。ちなみに一般に牛の生殖年齢は四歳とされていた。

リールに苦情を訴えたキャプテン・テイトはこうした食事法の知識を持っていただろうか。もちろん食事法は「血」の力ではなく、環境の一種である。自然の環境ではなく、牧場という人工的な環境を構成する重要な一要素だ。その特殊な環境のなかでランカシャの品種の優位性は生まれた。その優良品種を導入するのであれば、その人工的な環境もあわせて導入しなければ、劣化していくのは当たり前である。ところが「ブリーディングや管理において優秀ではない」農民は自分の無能を直視することなく、体液理論のお墨付きまである古来の「常識」に飛びつき、その正しさを再確認するのである。しかしリールに苦情を訴えたキャプテン・テイトはまだましである。すくなくとも試みたのだ。多くの農民はその「常識」のまえに尻込みし、試みることすらしなかっただろう。

「クラーク氏」はランカシャの酪農家が「ブリーディングや管理」に優れていると言ったが、この「ブリーディング」という言葉がただ漠然と「飼育」を意味しているのか、「繁殖」を意味しているのかは分からない。彼はランカシャの酪農家の食事法についてだけ語っている。このランカシャのロングホーンに関しては、それほど詳しい記録は残っていないのだ。したがってこの品種が品種改良によるものなのか、たんに優れた食事法によるものなのかは、今となってはよく分からない。しかしこれから半世紀後に、一人の天才的なブリーダーがこの品種を土台に新しい品種を生み出すことになる。ランカシャのロングホーンについてはまたそのときに触れる。

ちなみに「クラーク氏」にはその天才的ブリーダーと浅からぬ因縁がある。彼は借地農で、その借地権を彼の後に引き継いだのがベイクウェル家だった。ベイクウェル家は代々ロバート・ベイクウェルを名乗るが、その三代目がイギリスのみならず、ロシアからアメリカまでの西洋全域で絶大の名声を誇ったロバート・ベイクウェルになる。つまりベイクウェルが作り出す新しい品種は、かつての「クラーク氏」の農場で生まれることになる。しかしこの話も先の章に譲ろう。

「血」と「牧草地」の葛藤は、体液理論が動物の形質において環境に軍配を上げていたにもかかわらず、古代より続いていた。中世においては「牧草地」の力が強まり、おそらく農民たちはそれを宿命と受け入れて、変わらぬ世界で生きていたのかもしれない。その趨勢《すうせい》は十七世紀に入って大きく変わりはじめる。農民たちのなかに繁殖時に牡を重視する態度が生まれ、「血」の力で家畜を改善していこうという意志が確認できるようになる。

その背景には農地の囲い込みの進展の影響があったかもしれない。しかし囲い込みや飼料の改善は、いったん実現してしまえば解消される問題である。それに対してこの環境と遺伝の問題は、そうした類の問題ではなかった。現代においてすら、細部においては両者の関係には不明な点があるのだ。しかし精密な品種改良を実現するには、家畜のどの形質が遺伝によるものなのかを確信をもって判断できるようにならなければならない。十七世紀の農業書や農民の残した記録を見る限り、そこまでのしっかりした知識は確認できない。それどころか、彼らにとって「牧草地」の力は「血」の力をまだまだ凌駕《りようが》しているようだ。

だが同時に十七世紀には、農業領域における品種改良に大きな影響を与えた可能性がある出来事が起こった。まったく異なる環境から導入されたというのに、品種改良によってその影響を乗り越えた動物の出現である。この品種改良は牧草地で行われたものだが、農業領域で始まったのではなく、もともとは軍事領域で始まった。つまり、馬のブリーディングである。

第四章　馬のブリーディング

1　ヘンリー八世と馬

イギリスの馬と言えばサラブレッドになるわけだが、ブリテン島にはもともと小型のポニーしか生息していなかった。あるいはだからこそサラブレッドが生まれたのだと言えるのかもしれない。

その後ローマ人やアングロ・サクソン人、ノルマン人が大陸の大型の馬を持ち込むが、それでもブリテン島の馬は十五世紀になるまで小さいままだった。これは現代人が思う以上に由々しき問題である。中世の戦場で重要な役割を果たしたのは、なんと言っても重装騎兵である。馬上の騎士たちばかりでなく、馬までもが重い鎧《よろい》に身を包むわけで、ポニーに務まるものではない。イングランドやスコットランドの王朝は軍事的に生き延びるためにも、ブリテン島の小型の馬を改良するしかなかったのだ。

第一章で、イングランドでは犂の原動力として馬が利用されるようになったのが十二世紀の終わりになってからだと説明したが、これはノルマン貴族たちが小型の馬を改良するために、大陸の大型の馬を輸入しはじめたからかもしれない。イングランド王室は十三世紀初頭にネーデルランドから百頭の種馬を輸入している。これを皮切りに、その後二世紀のあいだ、王室は何度も国外の馬を輸入した。この移植のさいに、環境の影響がどのように考えられていたかは不明である。

しかし移植の甲斐あってか、イングランドにも「グレイト・ホース」と呼ばれる立派な軍馬が生まれる。この長年にわたる苦労の成果を台無しにしたのがヘンリー八世だった。エリザベス一世の母親となるアン・ブーリンと結婚するためにキャサリン王妃と離縁、そのことが原因でカトリック教会から破門され、逆に英国国教会の礎《いしずえ》を築く。やたらと派手な逸話の多いカリスマ的な国王だが、戦争ではたいした成果を上げていない。二度ほどフランスに攻め込むが、大敗を喫することこそなかったものの、得るものもなかった。そしてこれらの戦役の最中に、「グレイト・ホース」を枯渇させてしまったのだ。

この惨状に対してヘンリー八世はきわめてユニークな法令を布告する。国内で繁殖できる馬の体高を定めたのだ。一五三六年には狩猟用の鹿苑を所有するジェントリーに十三手幅（一手幅は一〇・一六センチ）から一三・五手幅以上の牝馬を一定数以上所有すべしと定め、さらにその牝馬を十四手幅以上の種馬と交配させるよう要求した。一五四〇年には、囲い込みが行われていない、つまり家畜の生殖管理が困難な共有地で繁殖用に飼育されるべき牡馬の体高も定めた。イングランド北部の州は十四手幅以上、それ以外のイングランドとウェイルズの州においては十五手幅以上とされた。

これらの法令の効力の程は疑わしいが、すくなくとも法令の作成者は馬の体高が遺伝の影響を受けることを理解していたことになる。体高に対する環境の影響がどのように理解されていたかは、これらの法令だけでは判断がつかない。あるいは同一の環境に生息する同一の品種のなかにも体高や体形が異なる個体は存在するわけで、そうした同一品種内の個体の違いは環境という牢獄のなかにあっても、「血」の力で改善が可能ということなのかもしれない。特定の形質を持った個体を選択し、同じ形質を持つ個体同士を掛け合わせて、その形質が子孫に定着するよう交配させていく品種改良の方法をセレクティヴ・ブリーディングと呼ぶが、背丈の高さという形質の実現を目的としたセレクティヴ・ブリーディングを、ヘンリー八世は法令を通じて国家規模で実行しようとしたのである。

もちろんヘンリー八世も、従来どおり在外種の導入にも力を入れる。十三世紀からイングランドに導入されてきたフランダース種と呼ばれる大型の軍馬、十六世紀の前半にはヨーロッパ世界で最高の軍馬と評価された「ナポリの軍馬《コーサー》」、そして「バルブ」と呼ばれるバーバリ地方（エジプト西部以西のアフリカ北部沿岸地方）原産の馬が一五四〇年代に王室の馬牧場に存在した記録がある。この「バルブ」は、やがてはサラブレッドの源流の一つになるのだが、イングランドへの導入の記録としてはおそらくこれが一番古い。もちろん「バルブ」にしろ、「ナポリの軍馬《コーサー》」にしろ、イングランドとは環境のまったく異なる地域から移植されたものだ。

在外種の導入と同様に重要なのは、その過程のなかでヘンリー八世がイタリア流の馬術に心酔したことだろう。このイタリア流の馬術が十六世紀の後半のイングランドにおいて、馬のブリーディングに大きな影響を与えることになるからだ。

当時のイタリアは馬にかけては西洋随一の先進地域だった。最高の軍馬である「ナポリの軍馬《コーサー》」の存在だけではない。馬術や馬の飼育においても先進的だった。ヘンリー八世は王室の馬牧場の飼育係をわざわざイタリアから呼び寄せ、王の身辺警護を司《つかさど》る近衛《このえ》儀仗《ぎじょう》兵にもイタリア流の馬術を習得させた。そして彼らのなかから、ジョン・アストリーやトマス・ブランドヴィルといったイタリア流の馬術・飼育術の専門家が生まれることになる。

ちなみに前の章で紹介したジャーヴェイス・マーカムだが、彼の祖先のヘンリー・マーカムもヘンリー八世の近衛儀仗兵であり、父親のロバートは有名な馬のブリーダーだった。

そのこともあってジャーヴェイス・マーカムも馬のブリーダーとしてその人生を始め、作家としても馬についての解説書が処女作になる。彼が農業へと身を転じていったのは、馬の飼料作物への興味が原因だった。

このイタリア流派は体液理論をはじめとした古典哲学に大きく依拠している。十七世紀のブリーダーたちはこの流派から大きな影響を受けながらも、自らの経験からその教えを否定し、そこから脱却していくことになる。十六世紀の終わりから十七世紀の初頭にかけて執筆活動を行ったジャーヴェイス・マーカムは、ちょうどその端境期《はざかいき》の存在である。そしてこの変化の過程のなかで、サラブレッドの影が浮かび上がってくるのだ。

2 馬の毛色は体液の色

イタリア流派への体液理論の影響の大きさを説明するには、馬の毛色についての彼らの解釈を紹介するだけでも十分かもしれない。前述したとおり、血液、胆汁、黒胆汁、粘液の四体液のバランスは個々人によって異なると考えられていた。そしてこれらの体液はそれぞれ特定の気質と結びつけられている。血液が多ければその人間は陽気であり、胆汁質の場合は怒りやすい。それが黒胆汁の場合は陰鬱で、粘液であったら鈍重になるといった具合だ。これが動物の場合、その毛色が優勢な体液の反映だと考えられていた。

馬（犬の場合も同様だが）は畜類のなかでもブリーディングにおいてその気質が重視される動物である。おそらくこれらの動物が上流階級と深く関わっていたがゆえのことだろうが、トマス・ブランドヴィルは『馬術に属する四つの主要な役割』（一五六五年）のなかで、馬の毛色と優勢な体液、およびその気質との関係を説明している。

というのも、もしその馬がほかの元素よりも土をより多く有していれば（つまり黒胆汁が優勢であれば）、その馬はメランコリー気質で、重々しく、臆病である。そして毛色は黒、朽葉《くちば》色、明るい、あるいは暗い月毛《つきげ》色である。もしその馬が水をより多く有していれば、その馬は粘液質であり、緩慢で鈍重、肉が落ちやすい。そして毛色は通例乳白色である。空気が多い場合は多血質で、したがって快活、俊敏、毛の色は一般的に鹿毛《かげ》になる。火が多ければ胆汁質である。ゆえに軽やかで熱く、激しやすい。この手の馬は乗り手の手綱《たづな》の指示を無視しがちで、大きな力を持つものはほとんどいない。そして毛色は明るい栗毛《くりげ》であることが多い。しかしすべての元素を均等に、しかるべき割合で有する場合、その時その馬は完璧である。そしてたいてい、毛色は以下の色のいずれかになる。すなわち黒ずんだ鹿毛、ダップルグレイ、体毛は黒だが鬣《たてがみ》はすべて銀、もしくはムーア人のように黒いか、美しい糟毛《かすげ》、この手の馬なら推奨するに値する。もっとも穏やかで、もっとも強く、もっとも優しい性質を持つ馬である。

イタリア流派は毛色以外に、顔や脚の流星文様においても馬の良し悪しを判断する精密な基準を練り上げている。彼らはこうした形質を馬の気質や性質を見極める手がかりの一つとして、繁殖に利用する馬の選別を行った。

体液理論の影響はこれだけではない。イタリア流派も一般的に、例の年齢と遺伝の迷信を信じている。ブランドヴィルは種馬は成熟の域に達しているべきだと考え、五歳から十四歳までを理想とした。そして年老いた種馬からは怠惰と臆病が遺伝すると言っている。

さらに面白いのは、交配させたときの状態が遺伝に影響すると考えたことだろう。後世の精密なセレクティヴ・ブリーディングが実現するには、前提としてしっかりした生殖管理が必要になるのだが、イタリア流派は逆にできるだけこの生殖行為を自然に近い状況で行わせるよう腐心した。繁殖期になると種馬一頭が入った囲いに十頭前後の牝馬を入れ、あとは自然の成り行きに任せる。飼育係が厩《うまや》のなかで、牡馬の一物を牝馬の陰に手ずから挿入させるという交配方法は当時から存在していたが、イタリア流派はこのやり方を嫌った。愚鈍な子馬が生まれると信じたのである。

おそらくここにも体液理論の影響があるのだろう。動物の体液の割合は年齢の推移だけでなく、さまざまな環境の変化に応じて変化していく。遺伝というものが生殖時の体液の割合の変化の影響を受ける移ろいやすいものである以上、交配時の環境にも細心の注意を払わなければならない。自然に近い状況で交配させてこそ、健全な子馬が生まれるのだ。

もちろん体液理論は遺伝という現象そのものを否定しているわけではない。したがってイタリア流派も繁殖に用いる馬の選別を重視している。ふたたびブランドヴィルを引用しよう。「たいていの場合、すべての動物が本来、肉体の形状だけでなく状態においても、自分に似たものを生み出す能力を与えられているので、したがって優良な馬の群れを持とうとするものなら、その群れの祖先となる最初の種馬と牝馬の選択に、細心の注意を払うことが必須のこととなる」。こうした姿勢は同じ十六世紀の農業書には見られなかった。

ただし、実際に彼らが用いたブリーディングの戦略についてはよく分からない部分がある。ブランドヴィルは、軍馬だとか乗用馬、狩猟用の馬だとか、特定の用途を目的とした馬を造り出すために、二種類の純血種をクロスブリーディングで掛け合わせることを推奨している。たとえば軍馬を造り出すなら純血種である「ナポリの軍馬《コーサー》」を種馬として、やはり純血種であるフランダース種や在来種の軍馬の牝と掛け合わせるべきだとしている。

だが他方でイタリア流派は純血種を尊重し、ブランドヴィルは国内で無分別に行われるクロスブリーディングを非難し、国内の純血種が危険にさらされていると嘆いているのだ。

イタリア流派のクロスブリーディングに対するこの矛盾した態度の背景にあるものを、ニコラス・ラッセルは『似たものが似たものを産む』のなかで以下のように推測している。「それぞれの世代で純血種の特定の組み合わせを再現するためにも、純血種が必要とされたのだ。言い換えれば、馬の放牧業は階層化されていた。そしてその階層化は……大本となる純血種の繁殖と、複数の異なる純血種の望ましい資質を併せ持つ作業用ハイブリッドの繁殖との分化にまで及んだのだ」。

つまりラッセルの推測では、イタリア流派は個々の用途に最適の品種をクロスブリーディングで創設しようとしたのではなく、純血種を素材として、一代限りの作業用ハイブリッドを造り出そうとした。その作業用ハイブリッドがふたたび必要となれば、その都度純血種を掛け合わせて造り出す。そのためにも、素材となる純血種の純血は守られなければならない。そして馬のブリーダーは純血種の繁殖を主として行うものと、作業用ハイブリッドを造り出すものとに階層化されていたというのだ。

ラッセルの推測が正しいものであるとすれば、この戦略は環境の軛を乗り越えるものでこそないが、環境の支配を出し抜くだけの効果はあったかもしれない。一代限りのハイブリッドであれば、仮に環境による劣化が実際に存在したとしても、その影響をある程度無視することができる。ただし純血種の維持が可能であればだ。ところがブランドヴィルの嘆きを見れば、純血種のブリーダーたちはその純血種を環境によって劣化させられるまでもなく、下手な生殖管理で雑種にしてしまっていたようだが。

3　道化の子は道化

ジャーヴェイス・マーカムはシェイクスピアと同時代人である。彼が『ヘンリー五世』を観劇したことがあるかどうかは分からない。だがもし彼が前の章の冒頭で引用した場面、ハーフラーの城門前でヘンリー五世が将と兵それぞれに別々のキーワードで奮起の言葉を掛ける場面を観ていたとしたら、いったいどういった感想を抱いただろうか。

攻城戦の最中、しかも囲む城の城門前でのことであれば、将も兵も徒《かち》で王の言葉を聞いていたのだろう。しかしたいていの戦場で将と兵とを分かつのは馬のあるなしである。そしてつねに馬と行動をともにする将に対して、王は「血」をキーワードとして利用した。このことは十七世紀以降の馬のブリーディングが向かう方向と、まったく無関係というわけではない。

ジャーヴェイス・マーカムは当然イタリア流派の影響を色濃く受けていた。たとえばマーカムもブランドヴィルと同様、用途に応じて純血種を掛け合わせるブリーディングの方法を推奨している。イタリア流派の粋《すい》とも言える、体液理論に基づく毛色から馬の気質を判別するシステムを、マーカムも基本的には受け入れていた。

だが一方で、馬の気質を判断するのに、イタリア流派ではそれほど強調されていなかった基準もマーカムは重視した。『乗馬術——あるいはイングランドの騎手』（一六〇七年）の第一巻、種馬と牝馬の選別基準を解説する第四章において、マーカムは事実上、馬の毛色よりも血統に注意を払うべきだと助言している。

それら（馬の姿かたちや毛色、美しさ、年齢など）に加えて、私は馬の血統や出自を重視したい。というのも、たとえ道化が美しい息子を持つことがあったとしても、それでも高潔な息子を持つことはない。それどころかその息子はどこか卑しい気味を帯びているものだ。血統の悪い牡馬も、美しいということができる毛色や姿かたちを持つ子馬を儲けることがあるだろう。長所と呼べる力強さや、数年の若さを持つ子馬をもたらすこともあるだろう。しかしそれでもその子馬の内面には、目には見えない粗暴な気質が隠れている可能性がある。それは繁殖においては厭《いと》うべきものだろう。

戦場に限らずいたるところで行動をともにする馬に、上流階級が人並みに気質を要求するのも不思議ではない。臆病であっても困るし、すぐに興奮してしまうようでも困る。手綱の指示を無視するなど、もってのほかだ。だからこそイタリア流派は馬があたかも人であるかのような、体液理論に基づく馬の気質の判別システムを練り上げたのだろう。しかしブリーダーたちが経験から、この判別システムがかならずしも当てになるものではないことに気づいてしまったとしても不思議はない。

祖先がヘンリー八世の近衛儀仗兵であり、父親が馬牧場の経営者であるジャーヴェイス・マーカムは、自身が上流であるジェントリー階級出身である。右記の引用からも読み取ることができることだが、彼がいまひとつ怪しげな毛色による判別システムより重視すべきものとして血統を選択した背景に、ジェントリーならではの階級意識があるのは明らかだ。血統という概念は上流階級に、今自分が味わう幸運が偶然偉大な先祖の子孫に生まれたからではなく、その祖先から受け継いだ素晴らしい資質ゆえだという心地よい錯覚を与えてくれる。十六世紀、十七世紀の馬のブリーディングが上流階級を中心に行われていたことを考えれば、その血統という概念を人並みの気質のよさが求められる馬に当てはめるのは、ある意味、自然の流れだったかもしれない。実際、ブリーディングにおいていちはやく血統が重視されるようになるのは、馬や犬といった、上流階級との関わりが深い畜類においてだった。

しかし上流階級の鼻持ちならない階級意識と切って捨てることができる以上のものが、当時の血統という概念にあったことは理解しておくべきだろう。前述したとおり、シェイクスピアもマーカムも、遺伝の論説においてはアリストテレスを採用している。アリストテレスは遺伝する形質を上位のものと下位のものに分けていた。気質や性質など、精神に関わるものは上位のもので、これは父親からしか遺伝しない。母親の遺伝の力が認められるのは、下位の遺伝領域である身体的特徴だけだ。

つまり当時は、アリストテレスに依拠するかぎり、気質の遺伝については牝親の遺伝の力を無視してもいいのだ。現代のブリーダーが置かれている状況と比較してみてもらいたい。現代のブリーダーであれば、それがいかなる形質であれ、牝親の遺伝子を無視するなどもってのほかである。だとすれば数世代前の祖先の特定の形質が新たに再現する可能性など、確立上かなり低いものになってしまう。ところが当時としては、気質の遺伝についてては父方の血統だけを考えればいいわけで、その気質が子孫において再現する可能性はずっと高いものになる。前述したとおり、血統という概念にはしっかりとした、現代よりもはるかに強力な医学的根拠があったのだ。

サラブレッドの繁殖で血統が重視されるようになる歴史的背景には不明な点が多い。だがそうした傾向が強まるのは十七世紀終わりから十八世紀初頭になってからのことで、マーカムの右記の引用はそれよりも一世紀前のものになる。したがってこの引用一つをもってサラブレッドの血統を云々するわけにはいかない。ここでこの引用が重要なのは、基本的にはイタリア流派を継承するマーカムが、イタリア流派よりもさらに遺伝の力を重視する方向へとシフトしたことを示しているからだ。

ただしマーカムは、羊については環境の重要性に言及しておきながら、羊よりずっと遠方から導入された馬への環境の影響については、自己欺瞞に陥ることで問題を回避している。『乗馬術――あるいはイングランドの騎手』の第七巻第一章、まさしく毛色と気質の関係や、体液理論に基づく馬の本質を解説する際に、環境の馬への影響についても触れている。馬は「一般に、太陽にもっとも近い（つまり緯度の低い）ところに生息するものこそつねにもっとも純粋な精神ともっとも長い寿命を持ち、太陽からもっとも離れたところに生息するものはより鈍重で、寿命も短い」。しかしそうと認めておきながら、気温の点ではイングランドは「ギリシアやアフリカ、スペイン」とたいして変わらないとマーカムは強弁している。そのためマーカムの血統重視の姿勢が環境の問題とどう関わるのかいまひとつはっきりしない。

環境の問題にしっかりと向き合いながら、なおかつ牡親こそが気質という上位の遺伝を決定するという「血」の力への確信を、マーカムの血統重視の姿勢とはまた違う方向に突き詰めたブリーダーが、マーカムより一世代後に登場する。彼のブリーディングの戦略はある意味きわめて極端であり、間違いなく馬を人間と同じ物差しで測るマーカムであれば嫌悪をもよおす類のものだった。しかし彼の戦略こそ、環境という牢獄に風穴を穿《うが》つことに成功する可能性を秘めていた。そのブリーダーの名はニューカッスル公ウィリアム・キャヴェンディッシュである。

4　血に血を重ね

ウィリアム・キャヴェンディッシュは皇太子時代のチャールズ二世の教育係で、その父親であるチャールズ一世が処刑された清教徒革命のおりにはフランスに逃れていた。イングランドを脱出する以前から馬のブリーダーとして有名で、一六五八年フランス滞在中にブリーディングも含めた馬術書『馬の訓練の新方式と驚嘆すべき発案』をフランス語で出版している。王政復古でイングランドに帰国し、一六六七年、フランスで出版した馬術書をもとに、新たに『馬を訓練し、自然に従い、技の妙をもって馬を操る新方式と驚嘆すべき発案』を出版する。長たらしいので、以降『新方式』と表記させていただく。

『新方式』はイタリア流派の否定から始まる。たとえば例の毛色から馬の気質を判別するシステムについてだが、「一度でも流星文様だとか（万物を構成する）元素だとかの話をするものがいたら、私はその男と縁を切る。私は実践以外の哲学を知らない」とにべもない。実際古典哲学から馬の秘密に迫ろうとしたイタリア流派とは違い、キャヴェンディッシュは長年のブリーダーとしての経験に基づいたことだけを言葉にし、それを無理に理論化しようとはしない。しかしだからといって、体液理論それ自体を否定しているわけではない。それどころかマーカムなどよりずっと明確に、いや、現代人から見れば病的と思えるまでに環境の馬への影響を意識している。

キャヴェンディッシュは軍馬ではなく、調馬術のための馬を求めている。そのためにうってつけと彼が考える馬がスペイン産のジャネット種になるのだが、種馬として利用するのはスペインから移植したばかりのものにするべきだと忠告している。種馬を自前の群れから選ぶべきではない。「というのもそれらは泉の清らかさ、源からあまりにかけ離れてしまっているからだ。その泉とは純粋なスペインの馬である。そのうえ、種馬を自分の群れから選ぶと、その群れは二代、三代のうちに荷馬車を引く馬に堕してしまう。……それほど早く群れは劣化してしまうのだ」。

そして子馬はかならず冬には屋内に入れ、飼料には乾いた食事を与えるべきだ、とも助言している。この「乾いた」という言葉は、前述のとおり、体液理論の用語でもある（七九頁参照。以下傍点は体液理論の用語を示す）。さてそう助言する理由だが、「あれほど素晴らしいスペインの馬はスペインで育った。そこは暑い国で、馬は乾いた飼料を食べている。多くの場所でそれほど牧草が茂っているわけではないからだ」。そしてこうした環境は、「バルブ」の産地である北アフリカのバーバリ、「ターク」と呼ばれる馬の産地であるトルコ、「ナポリの軍馬《コーサー》」で名を馳せたナポリなど、良馬とされる馬の産地すべてで同じである。「これらの国々では馬は雑《ま》じり気のない姿かたちをしている。そこは暑く、牧草は乾いている」。

だからこそ寒いイングランドでこうした地域の馬を飼育するには、冬は子馬を屋内に入れ、乾いた牧草を与えることで、環境の違いからくる影響を緩和しなければならない。そうしなかった場合、その子馬は三年半もすれば、「この国の湿り気が原因で、鈍重で虚弱、肥満した駄馬となるであろう」。

体液理論を通して見た場合、これこそが寒冷多湿のイングランドで、それとは正反対の環境で育つ南方の良馬を飼育するということだった。体液理論によれば、馬はかならずたいへんなスピードで劣化しつづける。種馬をそのつど原産地であるスペインから取り寄せるのも、その結果生まれた子馬を冬に屋内に入れ、乾いた牧草を与えるのも、あくまで劣化のスピードを緩和するための戦略だ。だがキャヴェンディッシュがとった最大の戦略は極端なブリーディングの方法にあった。

キャヴェンディッシュはコルメラやマーカムのように、繁殖において牡親の遺伝の力を強調することでアリストテレスの影響を明かしてはいない。しかし種馬と牝馬を選別する彼の基準を見れば、その影響は明らかである。種馬の基準として彼が語るのは、アリストテレスが男性の占有と断じた上位の遺伝に属する気質や性格ばかりである。それに対し、牝馬の選別基準でキャヴェンディッシュが重視するのは、アリストテレスが女性にもその遺伝力があると認めた、下位の遺伝に属する身体上の特徴になる。

たとえば種馬に必要なのは、「溢れんばかりの精神力や力強さ、従順な性質に、優れた気質、そして性質のいい」ことである。「それが種馬にとって一番重要なことだ。というのも、もし種馬が意地の悪さやメランコリー気質（黒胆汁が多い場合に起こるとされる陰鬱な気質）といった悪い気質を持ち合わせていたら、その種馬のすべての子馬が同じ気質を帯びてしまう。そうなると調教は不可能になる。つまりそうあるべき完璧な馬になることはないであろう」。キャヴェンディッシュが種馬に求める唯一の身体的特徴は「強い背骨」だけである。

一方牝馬はというと、「調教にもっとも適した牝馬は頭から尻までが短く、見事な、しかし長すぎることのない前頭部を持ち、頭部も美しく首にしっかり座っている馬である。胴体も素晴らしく、長いよりは短いものがいい」といった具合に、肉体的特徴がずらずらと続く。そして最後に申し訳程度に、「精神力と力強さがみなぎり、性質のいいもの」と、気質についての言及が付け加えられている。

遺伝の論説としてアリストテレスを採用するまではマーカムと同じなのだが、この先が違う。「しかし自分で育てた自分の馬群の牝馬に（種馬を）交配させる以上に適切な交配はない。そしてその牝馬の父親（である種馬）とその牝馬を交尾させよ」。その理由は「そうすることで、少しずつ、馬は純粋へと近づいていく。というのも、素晴らしい牡馬がその牝馬を儲《もう》け、同じ素晴らしい牡馬がその牝馬と交尾するからだ」。

親馬と子馬の交尾はそれまでも何度か報告されてきた。しかしそれらはあくまでずさんな生殖管理がもたらした事故である。たとえばマーカムは『乗馬術──あるいはイングランドの騎手』の第一巻第四章で、スペインで聞いた話を紹介している。「彼ら（スペイン人）は子馬を母馬と、その子馬が母親と交尾するまで一緒に走らせておく」。当然マーカムとしては、「私はまったくもってこうした繁殖を嫌悪する。なぜならそれは野蛮で自然に反するからだ」。

マーカムがここまで嫌悪を露にする背景には、馬と人間をある部分で同一視する彼の傾向があるのは確かだろう。しかしマーカムにとどまらず、当時は畜類のブリーディング全般において、近親同士の交配は避けるべきだとされていた。虚弱児や奇形児が生まれ、それこそ家畜の群れが劣化する可能性が高いからである。しかしこうしたありうべき非難に対して、キャヴェンディッシュはこう断言する。

なぜなら馬に近親相姦などというものはない。

この言葉にはある種の狂気すら感じられる。だが、キャヴェンディッシュにとってはそれほど環境の影響は深刻だったのだ。体液理論では遺伝は環境の下位に来る。たとえ「血」に牡親の望ましい気質を高い確率で子に伝える力があったとしても、その子の資質はイングランドの環境のなかでたえず劣化しつづける。であれば「血」に「血」を重ねればいい。おそらくそれがキャヴェンディッシュが出した答えだった。

さて右記のブリーディングの戦略は、体液理論に基づく自然事象の理解のなかで、環境の影響を軽減するために考案されたものだ。おそらくキャヴェンディッシュは、「血」に「血」を重ねたところで、劣化は避けられないと考えていた。なぜならその馬は寒冷多湿のイングランドにいるからだ。しかしそうした彼本来の目的とは裏腹に、キャヴェンディッシュの戦略には現代の品種改良にも見られる二つの技術が含まれている。一つには「インブリーディング」と呼ばれるもの、もう一つは「グレイド・アップ」と呼ばれるものだ。

「インブリーディング」とは近親同士の交配のことで、現代ではサラブレッドや犬、牛などの畜類のブリーディングで利用されることがある。とくに新しい品種を生み出そうとするとき、特定の形質を固定することを目的として使われることが多い。しかしその現代においても、娘と牡親の交配というのはかなり極端な方法になる。品種改良には人為淘汰のための間引きはつきものだが、いったいどれほどの間引きを行ったのだろう。だがキャヴェンディッシュの「インブリーディング」には特定の形質の固定化という現代的な目的はなかったはずだ。アリストテレスの論説に従うかぎりは、牡親の気質を子に伝えるのは「血」の力だけで十分だからだ。

しかし体液理論を信じることで生まれる環境の壁を崩しえたのは「インブリーディング」ではない。キャヴェンディッシュは地元イングランドの牝馬に何代にもわたってスペインの優良品種の種馬を掛け合わせた。これは現代の品種改良の用語では「グレイド・アップ」と呼ばれる技術で、用語としては十九世紀の牛のブリーディングで確立したものだ。この場合、その種馬は同一の品種であればよく、なにも同じ個体である必要はない。地元の品種と種馬の品種の遺伝子がどの程度近いかにもよるが、しっかりとした管理のもとで四代、五代も繰り返せば、その集団は種馬の品種にかなり近いものになる。もっとも「インブリーディング」の場合と同様、キャヴェンディッシュにはそうした現代的な目的はなかっただろうし、この戦略にそうした効果があると知りもしなかっただろうが。

しかし目的と結果の齟齬《そご》はともあれ、キャヴェンディッシュはブリーダーたちに環境の力に抵抗する一つの戦略を示唆した。あとは後世のブリーダーたちが経験を通して理解しさえすればいいのだ。この戦略は環境の力に抵抗するだけでなく、環境を乗り越えるのに有効な手段なのだということを。

5　サラブレッドが意味するもの

キャヴェンディッシュはイングランドの馬についてこう言っている。「しかしイングランドの馬と呼ばれるものは、すべての国の馬がそうとう混ざりあっている」。十六世紀の半ば以降、海外の純血種を掛け合わせていくイタリア流派のブリーディングのやり方が定着したために、百年足らずのうちにイングランドの馬は雑種の集団になってしまったようだ。実際十六世紀の時点でイタリア流派のブランドヴィル自身がこの傾向を嘆いていたことは、すでに紹介した。

だが雑種ということは汎用性が高いということで、ブリーディングのうえでも、牝馬の選別をしっかり行えば、キャヴェンディッシュの戦略である「グレイド・アップ」は成功しやすい。おそらくキャヴェンディッシュも繁殖用の馬の群れを作るさい、最初の牝馬はイングランドの牝馬のなかでもジャネット種の血を引いたものを選んだのだろう。『新方式』のなかでもイングランドの牝馬のなかから、「これから繁殖させようとする馬にぴったりの牝馬を選択するべきだ」と言っている。

キャヴェンディッシュの場合は調馬用の馬を繁殖させたわけだが、競走馬についても同じことが行われたと考えられている。『近代初期のイングランドの馬』のジョウン・サースクによれば、競馬は一五八〇年代以降、貴族やジェントリーのあいだで流行するようになった。この流行に合わせて競走馬の繁殖も行われるようになっていく。たとえばキャヴェンディッシュはサー・ジョン・フェニックというブリーダーを紹介している。フェニックは「イングランドの誰よりも競走馬の経験があり」、そして「おたがいに競い合うイングランドの競走馬のなかでも名のあるもののほとんどは、彼の馬群《レイス》と集団《ブリード》から出ていた」。キャヴェンディッシュはそのフェニックから直接聞いた話として、その「馬群と集団」のブリーディングの方法を説明している。「種馬は是非ともバルブであるべきだ」。というのも、「気性の激しいバルブはイングランド一番の競走馬よりも優れた競走馬になるであろう」からだ。そのバルブを種馬として、フェニックはイングランドの牝馬のなかでもバルブに体形が似た牝馬を選《え》り出し、交配させている。おそらくすでにバルブの血が入っている牝馬だったのだろう。

フェニックがはたして「インブリーディング」を用いたのか、あるいは「グレイド・アップ」と呼べるほど、何度もバルブの種馬を海外から取り寄せていたかは、『新方式』には示されていない。しかし「インブリーディング」はともかく、「グレイド・アップ」を行っていた可能性は十分ある。何分そうしなければ、キャヴェンディッシュの言に従えば、「馬群と集団」は異なる環境のなかで激しく劣化するからだ。

競馬の流行が拡大していくなかで、競走馬として人気が生まれた海外の馬には、バルブ以外にトルコの「ターク」にアラビア半島原産の「アラブ」がいた。これらはまったく別の品種であり、「ターク」にいたっては広大なオスマントルコ帝国領内から来た馬という意味なので、そのなかにはさまざまな品種が存在していたはずだが、これらの馬の血がブリーディングの過程で混ざり合ってサラブレッドが生まれたとされている。そのプロセスの最初の段階として、十七世紀にフェニックのようなブリーダーがこれらの品種を種馬とした「グレイド・アップ」を行っていたはずなのだ。

それではフェニックの「馬群と集団」はサラブレッドと言えるのだろうか。そう問われれば、答えは否となる。サラブレッドのブリーディングに重要なのはやはり血統《ペディグリー》の記録になる。しかしフェニックがそれをつけていたわけがない。キャヴェンディッシュは「アラブ」を説明するさいに、「風変わりな報告」として、馬の血統を記録するアラビア人の風習を紹介している。「アラビア人は王侯が自らの血統のすべてを記録するのと同じように、注意深く入念に馬の血統を記録している」。

つまり「血統の記録」はキャヴェンディッシュのような馬の専門家にとっても、なお異国の「風変わり」な風習だったのだ。実際、もしこの風習がイングランドで行われていると知っていたら、彼は嘲笑していたことだろう。それだけでは環境の影響を受けて、馬は劣化するだけだと。したがってイングランドで血統によるブリーディングが始まるのは、早くても王政復古以降だと考えるのが妥当だろう。

サラブレッドの歴史には不明な点が多い。その危うい領域にこれ以上踏み込んでいくのは本書の目的とするところではない。ここで重要なのは、血統に基づくブリーディングが本書の文脈のなかで何を意味するかだ。繰り返しになるが、キャヴェンディッシュにしろ、あるいはその賛同者にしろ、「グレイド・アップ」をしようと思って「グレイド・アップ」をしていたわけではない。寒冷多湿のイングランドにおいて、それとは真逆の環境に由来する自分の「馬群と集団」を劣化から守るためにそれを行っていたのだ。逆に言えば血統に基づくブリーディングが広まるには、環境による劣化への不安が和《やわ》らいでいなければならない。

いちいち種馬を原産地から取り寄せる必要はない。イングランド生まれの馬であっても、血統書によって祖先がバルブやタークやアラブだと確認できさえすれば、環境の影響を心配することなくいい馬を繁殖させることができる。そうした確信がブリーダーたちのあいだに生まれなければ、この繁殖方法は成り立たないのだ。先に引用した『似たものが似たものを産む』のラッセルも言っている。血統に基づき「東方の馬をイングランドでブリードする試みを開始することは、馬の資質がクロスブリーディングで生まれた一代目の子孫に遺伝するだけではなく、環境の変化にもかかわらず、数世代にわたって、いや実際には永遠にそのタイプが固定された品種となると強く信念することを意味する」。血統重視のマーカムが環境の点では自己欺瞞に陥っていたことは、ある意味たいへん示唆的なことだったのだ。

一七九二年にウェザビー商会により「ジェネラル・スタッドブック」が創刊される。これはサラブレッドの血統を総括的に記した台帳で、ここに登録された馬だけが純血のサラブレッドと公認される。「ジェネラル・スタッドブック」は登録した馬の血統を百年以上さかのぼって記しているが、そこに前述のフェニックの家名も見つけることができる。一六八五年に誕生した「ホワイノット」の牡親として「フェニック・バルブ」の記録がある。「フェニック・バルブ」の血統は示されていない。

件《くだん》のジョン・フェニックは一六五八年に亡くなり、その後をウィリアム・フェニックが引き継ぐ。ウィリアムは七六年に亡くなり、その後をジョン・フェニックが引き継ぐが、このジョン・フェニックはジャコバイト（名誉革命で廃されたジェイムズ二世の支持者）によるウィリアム三世暗殺計画に連座した廉《かど》で九七年に処刑されてしまった。この「フェニック・バルブ」はこの三名のうちのいずれかの馬だろう。

このことを考えれば、十七世紀の終わりから十八世紀の初めのどこかで、血統を重視するブリーダーたちが生まれ、彼らのあいだで血統の記録をつけていく風習が始まったのだ。でなければ「ジェネラル・スタッドブック」にこうした記録が残るはずはない。初めのうちは、彼らの数はわずかだったかもしれない。しかし十八世紀が進むにつれて、彼らのサラブレッドのブリーディングの方法は一般化していった。

これはたんにイギリスを代表する馬の誕生を意味するだけのものではない。すくなくともサラブレッドのブリーディングにおいて、キャヴェンディッシュほどには環境の影響を不安視する必要はないという態度の一般化を意味し、さらには同じく環境の力に不安を抱えた農民たちの目の前に、環境の影響を「血」の力で乗り越えた実例を提示したのだ。

それではサラブレッドの成立とともに、環境の影響への不安は一掃されたのかというと、もちろんそんなことはない。サラブレッドは一つの実例にすぎず、その成立を説明する科学的な理論が生まれ、遺伝と環境が動物に影響を与えるそれぞれの領域の特定ができるようになったわけではない。そのため環境の影響への不安は、十八世紀に入ってもしつこく残りつづける。

たとえば古典時代から続く年齢と遺伝の迷信についてだが、自然誌の研究者でケンブリッジの教授でもあるリチャード・ブラッドリーが、一七二九年に出版した『家畜を殖やし、改善するためのジェントルマンと農民へのガイド』のなかでなお同じ主張を繰り返している。「あるいは牡馬が三十になるまで牝馬と交配させるような選択をするべきでもない。なかにはそうするものたちがいるのだ。年老いた牡馬が儲けた子馬は、若すぎる牡馬が儲けた場合と同じ欠陥を被りやすい」。その欠陥とは「背丈が伸びず、力も強くならない」というものである。ブラッドリーについては後述するが、十七世紀に顕在化した羊の巨大化についても、環境重視の解説をしている。

　農業革命も真っ盛りの一七八八年においてすら、ウィリアム・マーシャルが『ヨークシャの農村経済』（第一巻）のなかで環境の影響の大きさについて論じている。その時代ヨークシャはサラブレッドの一大生産地になっていたのだが、マーシャルはヨークシャのブリーディングにおける優位性の理由を見つけることができなかった。そしてこう語るのだ。「このことこそが空気、水、土、牧草が動物の体質や変わりやすい本質に強い影響を持っている強力な証拠である」（傍点は原文ではイタリック）。つまりイングランドのなかでも北部にあるヨークシャのサラブレッドが優れているのは、その環境のおかげだというのだ。キャヴェンディッシュに是非ともこの見解への感想を聞いてみたいものである。

　こののちマーシャルは後述するロバート・ベイクウェルに出会い、そのブリーディングの手法をつぶさに報告することになる。そのマーシャルにしてこの有様だった。ただしマーシャルはこうも言っている。「動物の体質や、あるいは変わりやすい部分への気候条件の影響は実証が難しい。それを否定する人々もいる」。十八世紀の終わりになっても環境という魔物はまだ謎めいた存在として農民たちのまえに立ちはだかってはいた。しかし十七世紀にキャヴェンディッシュを圧倒したほどの魔力は、もはや失いつつあったようだ。

第五章　巨大化する羊

1　馬から羊へ

ジョン・ビールという人物がいる。英国国教会の聖職者で、一六六〇年に設立された王立協会の初期のメンバーでもあった。第三章でスペイン産の羊であるメリノ種をイングランドに導入するよう訴えた『彼の遺言』のサミュエル・ハートリブを紹介したが、その彼の知己《ちき》でもある。そのビールが一六七四年、王立協会刊行の『哲学紀要』に「羊を保守し、その耐久力と最高品質の毛織物のために羊の品種を改善することを目的とした、国内用途のための塩に関する、そして羊に関する調査と提案」という、訳すのも面倒な長たらしい題名を持つ記事を掲載している。

その記事のなかで、ビールは馬の品種改良についても触れている。「購入できる最上のバルブを種馬として利用してきた長年の経験を持つ馬の牧場主から聞いた話では、彼が入手したイングランド一番の牝馬たちの血を引くバルブの混血馬は、みなその牡親（つまりバルブ）よりも上等な姿かたちを持ち、乗用馬としてもより激しい用途（おそらくは競馬）においても、牡親を超えているということだ」。この「馬の牧場主」がフェニック一族の人間かどうかは分からない。しかしビールの言葉を文字どおりに受け取るなら、その「馬の牧場主」はキャヴェンディッシュやフェニックと同様、イングランドの馬を「グレイド・アップ」している。しかもその結果バルブよりも優れた品種が生まれたと確信しているようだ。これが事実であるとすれば、環境の限界を超えるという以上の成果である。

羊の記事になぜ馬の話が出てくるのか。ビールは馬の品種改良の成功を引き合いに出し、それと「同じく似たような勤勉さと、同じ冒険心をもって、羊の品種の改良を試みる」よう訴えているのだ。具体的にはビールは、かつてハートリブの『彼の遺言』が訴えたように、メリノ種の移植を提案している。最上の羊毛を持つメリノ種の「繁殖用の牡羊と牝羊」を輸入し、それをイングランド西部にあるヘレフォードシャのような地域で試してみるべきだ。ヘレフォードシャはイングランドのなかでも最高品質の羊毛を持つライランド種で有名な地域で、そうした地域であれば、メリノ種の繁殖に必要な技術もあるだろうと考えての提言である。

そして題名のなかにある「最高品質の毛織物のために羊の品種を改善する」という文言と、「羊の品種の改良を試みる」べきだという訴えを考え合わせれば、ビールの真意はメリノ種の移植だけではないのかもしれない。明確に言い切っているわけではないが、馬のブリーディングと同じように、メリノ種の牡羊を使用してイングランドの羊を「グレイド・アップ」するよう訴えているのではないか。何分悪文であるため、文意が押さえにくい。

しかしビールの「調査と提案」はいろいろなことを教えてくれる。まずビールの言葉には、環境の力への恐怖が微塵《みじん》も感じられない。キャヴェンディッシュの『新方式』（一六六七年）がイングランドで出版されて十年もたたないというのに、環境の壁を「血」の力で乗り越えたと確信する「馬の牧場主」が登場するのだ。そしてビールはイングランドの馬のブリーディングが大変な成果を上げていると、第三者の立場から判断している。

さらにビールは馬での成功を羊にも生かせと訴えている。馬の品種改良が技術的にも、環境への挑戦という精神面においても、農業領域の畜類のブリーディングに影響を与えたとする見解はよく見かけるものだが、確証のある話ではない。しかしたとえばジャーヴェイス・マーカムは馬のブリーダーから農場経営者、そして農業書の作家へと転身した。馬にしろ羊にしろ、あるいは牛にしろ、牧場で飼育されていることに変わりはない。一人の農場主が複数の種類の家畜を飼育していることも、あるいは馬の牧場主が牧羊主と知己であることも、十分ありうる話だ。情報はいかようにでも流れたはずである。ビールの言葉も間接的にではあれ、その影響関係をうかがわせるものでもある。

だがそれ以上に重要なのは、この文章が当時実際に行われていた羊の品種改良の試みに、あくまで見聞としてではあれ言及していることだ。「今わが国の羊の品種を、耐久力やサイズの大きさ、羊毛の豊富さの面で改善するために、われわれが聞くところでは、ダウンズの多くの裕福な牧羊主たちが、調達可能なもののなかでももっとも大きな羊、とくに繁殖用の牡羊を手に入れようと、とても高い金額を提示している。そして時には、域外からとても大きく精力旺盛な牡羊を購入している。その牡羊が生み出す群れの体格の大きさに利益を見出しているのだ」。

ダウンズとはイングランド南東部の白亜層からなる丘陵地帯のことである。西はウィルトシャから東はケント州にかけて広がる広大な地域で、ビールが具体的にそのなかのどのあたりを言っているのかは分からない。しかしそれでもビールのこの報告は重要なことを示唆している。というのも、実際に十七世紀から十八世紀にかけて、イングランドの多くの地域で羊が巨大化していくからだ。

しかしこの巨大化の内実には不明な点が多々ある。この巨大化していく羊は、当時しばしば「牧草地羊《パスチャ・シープ》」と呼ばれていた。まずこの「パスチャ・シープ」の出自がはっきりしない。いくつかの推論があるだけなのだ。そして十八世紀に入れば、この巨大化には確実に品種改良が関わってくる。だが十七世紀の段階ではそれを証明する証拠は乏しい。

さらにこの巨大化の原因となりうるまた別の現象も、当時は同時に進行していた。第二章で説明した牧草地の栄養価の上昇である。十七世紀にはクローバー、イガマメ、アルファルファ、シャジクソウ、ライグラスなどが導入され、牧草地に直接蒔《ま》かれるようになった。またカブも飼料用作物として利用されるようになっていた。この栄養価の上昇が羊の巨大化の背景にあるという見解が、環境の影響をことさらに重視した当時はなおのこと、現代の研究者のあいだにもある。

したがって、十七世紀の段階で羊の巨大化の背景に品種改良の試みがあったと、伝聞情報ではあれ言及しているビールの報告は、特別な意味を持つ。ただ資料が残っていないため、品種改良と牧草地の栄養価の上昇がそれぞれどの程度この現象に関わっていたのか、また、品種改良が関わっていたとしたら、それは具体的にはいかなるものだったのかについての情報がほとんどないのだ。

そうした問題がある羊ではあるが、しかしそれでもこの章は是非ともこの「パスチャ・シープ」について語らなければならない。その出自がどうあれ、また品種改良が行われていようといまいと、その巨大化の背景にはたしかに人為的な介入がある。肉の需要の増加という経済的要請がその介入を引き起こしたのだ。そしてこの「パスチャ・シープ」は、肉の需要の増加が引き起こしたもう一つの社会的変動とも関わってくる。食肉生産の階層化の主役である「グレイジアー」が好んだ羊でもあったのだ。そしてなにより、やがて登場する天才的ブリーダーのロバート・ベイクウェルが生み出した有名なニュー・レスター種は、この「パスチャ・シープ」を土台にして造られたものだった。

2　肉食のイングランド

『ブリテンの食べ物と飲み物』のアン・ウィルソンが言っている。清教徒革命時代の「共和制のあと、魚の日を首尾よく復活させることはできなかった。一年の半分近くを魚だけを食べねばならないという古い責務からの解放は、農村の家畜の需要のさらなる上昇を意味した」。

第一章でも説明したことだが、カトリックが守ってきた断食日、すなわち魚の日の風習は、新教に属する英国国教会の成立でイングランドでは廃《すた》れていくことになる。たしかに十七世紀半ばの清教徒革命はこの流れを決定的なものにした。しかし魚の日の風習の退潮とそれに伴う漁業の衰退は、この変化にそもそもの責任があるヘンリー八世の時代より確認できることだった。

この変化に並行して、肉の生産量が増えていくのは事実である。たとえばK・J・アリソンは『エコノミック・ヒストリー・レヴュー』に掲載した「十六世紀と十七世紀の牧羊経営」のなかで、ノーフォークの十の大規模牧羊業者の牧羊管理の記録を精査している。ノーフォークの場合、一般に十六世紀の半ばから牧羊業者が市場に出す商品のなかでの羊肉の比重が増加していく。背景にあるのはノーフォークの中心都市であるノリッジの拡大と、ロンドンの肉の需要の増大だった。それまでは老齢や病気が理由で間引かれた羊が地元の肉屋に卸《おろ》されるだけだったのだが、十六世紀の半ば以降、ノーフォークの牧羊業者はこぞって去勢した牡羊をノリッジやロンドンに向けて出荷するようになる。

このことはわれわれが思う以上に重要なことを意味する。第一章でも触れたことだが、牡羊は去勢すると羊毛の質がよくなる。したがって羊毛が何よりも重要な産物だった時代には、牧羊主は飼育可能な頭数のなかで、去勢した牡羊の割合を最大化するよう腐心した。ところがそれを食肉市場に出すというのだ。羊毛と羊肉の価値の比率に明らかな変動があった証《あかし》である。そしてアリソンによれば、「羊肉生産の重要性は十七世紀を通して増加していく」のだ。

ただし羊肉生産の重要性の背景に、魚の日の風習の減退がどの程度関わっているかははっきりとは分からない。というよりも、確認のしようがないのだ。生産量の研究に比べて、食料消費の量的研究は近年始まったばかりだ。上流家庭の家計簿の研究で、たとえばデヴォンシャのレイネル家が一六二八年から一六三一年にかけて、断食の季節である四旬節の期間に羊肉やウサギの肉を食べていたことは分かっている。一方一六一九年にノーフォークのル・ストレンジ家は牧羊業を営んでいるにもかかわらず、しっかり魚の日の風習を守っていた。こうした個別のデータならあるのだが、デヴォンシャやノーフォークにおいて、あるいはイングランド全域で、いったいどれだけの肉類が魚の日に消費されたかを経年的に示す数値など、推測値ですら存在しない。さらに牛肉に比べて羊肉は比較的裕福でない家庭でも購入が可能なものだった。こうなると調査しようにもデータそれ自体が残っていない。

加えてこの時代には、ほかにも肉の生産量の増加を説明しうる社会現象が存在した。ロバート・トロウ＝スミスは『イギリスの牧畜業——一七〇〇年まで』のなかで、この時代の肉その他の畜産物の需要の増加の背景にあるものを、「それらを自分で育てたいという願望も、その機会も持たない都市の住民の」増加だとしている。たしかにこの時代は都市人口が上昇し、とくに手工業の発展により、そこで働く労働人口が増加した。羊肉のような比較的安価な肉類は、とくにそうした労働者から人気があった。前述のアリソンもこの見解を採用しているように、牧畜史の方面ではこちらの説明のほうが一般的である。ただしこちらもその影響で消費量がどの程度増加したか、はっきりしたことは分からない。

はっきりと言えるのは、この時代理由はどうあれ肉類の生産量が増加したこと、都市人口が増加したこと、そしてその割には魚介のイングランド国内での取引量がずっと低調だったということだけだ。そしてこの傾向はヨーロッパ世界のなかでも突出していたようで、十七世紀以降、イングランドの内外で、大肉喰らいのイングランド人という言説が拡散していく。たとえばフランスの旅行作家で一六八五年にイングランドに定住したマクシミリアン・ミソンが『イングランド旅行における思い出と観察』（一六九八年）のなかでこう記録している。

私はいつも、イングランド人はとんでもない肉喰らいだと聞かされていたが、それが真実だと分かった。私にはイングランドに、まったくパンを食べない知り合いがいる。そして一般に、イングランド人はパンをほとんど食べない。パンはかけらを二、三ちびちびとかじる程度で、その間肉を口いっぱいに頬張るのだ。……中流と言える類の人々の食卓をかならず飾る並程度の肉類が、十種類、あるいは十二種類とあるのだ。そして彼らの正餐《せいさん》は二皿からなる。一つはたとえばプディングで、もう一皿はローストビーフの塊である。

日記作家として有名なジョン・イーヴリンも自国の肉食の流行に辟易《へきえき》したのだろう。人類が完全なヴェジタリアンであったエデンの園を偲び、一六九九年『アケーターリア——サラダの論文』を出版する。アダムやイヴが食べたはずのサラダこそ原初の料理であるとして、この論文の目的を説明する。「原初の食事とまではいかなくとも、今流行しているものよりもずっと健全で節度ある食事を世間に思い出させたい」。彼にとってサラダは、「汚らしく不快で、血と残虐の肉屋に比べたら、清潔で罪を知らず、美味しくて自然な属性のものだ。そのうえ最良でもっとも輝かしい時代には、人類はみなサラダを食べ、そしてサラダを作っていた」。もっともイーヴリンはピタゴラス式食事法を採用していたわけではない。この論文に掲載されたレシピには肉料理も入っている。

しかし極めつけはやはりジャン＝ジャック・ルソーだろう。後世のヴェジタリアンからヴェジタリアンだったと信じられているこの哲学者は、子供の教育をテーマにした『エミール』（一七六二年）のなかで、「子どもを肉食動物にしないことがなによりも大切だ」（今野一牡訳）と訴えている。肉を食べると人間は残酷になるからだそうだが、それを証明する実例としてルソーがいの一番に取り上げたのが、やはりというかイギリス人だった。「イギリス人の野蛮なことはよく知られている」。

十六世紀に顕在化したこの変動には農業作家たちもいち早く反応している。たとえばトマス・タッサーは『よき農業の（五）百のポイント』（一五五七年、一五七三年）の一月の農事の忠告のなかでこう言っている。

体は大きければ大きいほど、品種としては望ましい。
成長するのが速いほど、その品種はうまくいく。

ここでタッサーはとくに羊のことだけを言っているわけではないが、より大きく、より早く成長する品種を求めよというのは、明らかに肉の生産を意識した助言である。

もはやお馴染みとなったジャーヴェイス・マーカムはもっとはっきりとした言葉でこの傾向に触れている。第三章で扱った『安くて素晴らしい農業』（一六三一年）では、イングランド各地の羊を紹介したあとに、彼が購入を薦《すす》める羊の特徴を説明している。「したがって羊を選択する際には、骨がもっとも大きく（体が大きく）、一番毛質のいいものを選択せよ」。というのも「こうした羊は一番の羊毛を生やしているうえに、きまって肉屋の一番の商品となり、市場でもっとも早く売れる」からだ。

イングランドで「パスチャ・シープ」が巨大化していく要因の一つには、西洋世界でも突出したこの肉の需要の高まりがある。農民たちにしてみれば、その変化を積極的に促進していく立派な動機があったのだ。そしてこの食事情の大変革がそれまでの牧畜のパターンを突き崩し、あくまで羊毛生産が経済上の主要な目的であった羊にまったく別の意味を与えたのである。

3 トマス・モアの人食い羊

P・J・ボウデンが一九五六年、『エコノミック・ヒストリー・レヴュー』に掲載した「羊毛供給と毛織物産業」のなかで、囲い込みで生まれた牧草地が羊の毛に与えた影響について論じている。彼はそこで「パスチャ・シープ」という言葉に着目し、この言葉が登場する文書を古い記録のなかからいくつか引用している。まずはヘンリー八世の時代の一五四七年の記録で、当時とエドワード三世（在位一三二七〜七七）の時代の羊毛量の変化について言及したものである。

エドワード三世の時代には「一トッド（二十八ポンド。十三キログラム弱）に羊二十頭分の羊毛を割り当てていた。というのも、エドワード三世の時代には今とは違ってこれほど多くのパスチャ・シープがおらず、ほとんどの羊は共有地で飼われていただろうからだ」。ちなみに一五四七年には一トッドの羊毛を得るには羊が十五頭いればよかった。

それからおよそ六十年後の一六一〇年の記録にはこうある。「……昔は今ほど羊に大量の羊毛が生えていなかった。それを求めて、みなが大量の羊毛を生やす羊を手に入れようとしたのだ。おかげで昔なら二頭、三頭分の羊毛を一頭の羊が生やしている。今ではすべてパスチャ・シープだ。以前は多くがフィールド・シープだった。昔なら一トッドの羊毛に十三、十四、十五、十六頭の羊が必要だったのに、今では四頭の羊で足りる」。

「フィールド・シープ」とは囲い込みが行われていない開放耕地《オープン・フィールド》制度のなかで飼われていた羊のことで、最初の引用にある「共有地で飼われていた」羊と同じ意味になる。つまりこの二つの引用に限って言えば、「パスチャ・シープ」とは囲い込みが行われた牧草地のなかで飼われていた羊のことである。しかもその羊毛量は「フィールド・シープ」を上回るというだけでなく、もちろん数値に誇張がある可能性はあるが、どうやら「パスチャ・シープ」のあいだでも六十年余りのあいだに相当増加しているようだ。トマス・モアは囲い込みを非難して、羊が「人間さえもさかんに喰殺《くいころ》している」と警鐘を鳴らしたわけだが、巨大化を始めた「パスチャ・シープ」とはこの人食い羊たちのことだったのである。

羊毛の重量が増加したのは、羊毛それ自体が密になり、毛も長くなったこともあるが、羊の体格が大きくなったことの表れでもある。ボウデンはこの背景にあるものを、牧草地の栄養価の上昇に求めている。肥沃な地域で囲い込みが行われ、その結果牧草地が生まれた場合、開放耕地のなかで羊が食べていた貧弱な飼料と比較して、その牧草地で羊が吸収する栄養価が高まる。さらに農業技術が進むと、新たに導入されたクローバーやライグラスなどの牧草が牧草地の栄養価を一層高めていく。「羊が受け取る栄養が高まれば、それだけ羊は大きくなる。羊毛の繊維も例外ではなく、肉体の他の部分と同様に、長さや全体量も飼料が良くなったぶん増加したのだ」。

一見いいことずくめに思える。しかしこの先に辛辣《しんらつ》な歴史の落とし穴がある。羊が吸収する栄養価の上昇は、同時に毛質の悪化も引き起こすのだ。ボウデンは十六世紀、十七世紀に取引された羊毛の品質の変化を取り上げて、「パスチャ・シープ」の身体に起こった変化を裏付けている。イングランドの羊毛といえば中世には肌理《きめ》の細かい上質な羊毛の代名詞であり、羊毛の国際市場でのその支配力はイングランドの国際政治における切り札の一つだった。ところがその羊毛の質が十六世紀には悪化し、イングランドは国際市場での支配力を、メリノ種を擁するスペインに明け渡すことになる。それどころか、十七世紀には国内市場ですらメリノ種の羊毛の席巻を許すことになるのだ。ハートリブやビールがメリノ種の導入を訴えたのも、そうした背景がある。そして十六世紀と十七世紀を通じて、イングランドが生産する羊毛のなかで、長毛種と呼ばれる種類の羊の粗くて長い毛の取引量が増加していく。

つまりボウデンの見解が正しいとすれば、羊毛生産での利潤を追求するための方便であった囲い込みが逆に毛質の悪化を引き起こし、そこで囲われていた人食い羊の価値を下落させたのだ。モラリストのトマス・モアがこの成り行きを知ったら、そこからどういった訓戒を引き出しただろうか。

この惨状のなかで牧羊主たちになにができただろう。一方には羊毛の質の悪化があり、もう一方には肉の需要の増大があった。そしてもう一つ、牧羊主たちの方向を決定づける経済的な変化があった。それまでイングランドの上質な羊毛が支配していたのは、伝統的な毛織物業界向けの市場だった。しかし十六世紀前半には梳毛《そもう》織物業という新興の産業が生まれてくる。同じ羊毛を原料としていても、毛羽《けば》の少ないサージなどの織物を製造する産業である。長毛種の長い羊毛は、梳毛織物の原料にうってつけだったのだ。

つまり牧羊主は「パスチャ・シープ」の巨大化を促進する以外に道はなかった。梳毛織物の原料に最適だったとはいえ、長毛種の羊毛はスペインのメリノ種やイングランドならライランド種などの上質な羊毛と比べれば価格が大きく劣る。しかし量だけは豊富だったのだ。「フィールド・シープ」の場合、品種にもよるが一頭当たりの羊毛の重量は一ポンド（四百五十四グラム）から二ポンドだった。それに対して「パスチャ・シープ」の場合、十七世紀の終わりにおいては最低でも四ポンドで、五ポンド、六ポンドという重量も珍しくはなかった。場合によっては、七ポンドという記録もある。最上品質の羊毛を産する品種と比較するのでもないかぎり、「パスチャ・シープ」は質の悪化を十分相殺《そうさい》できるだけの量の羊毛を生産することができたのだ。

しかも巨体の「パスチャ・シープ」は肉の量も豊富だった。その肉は大味で評価は低かったが、全国民の食事情が変動した「肉食革命」の性質上、求められているのは上質の肉ばかりではない。国民の大多数である庶民の消費する「安い肉」こそ、量が必要だったのだ。つまりこちらも量の多さが質の低さを補って余りあるものがあったわけだ。「パスチャ・シープ」は、すべてにおいて質より量を地で行く羊だった。

4　品種改良

さて問題なのはこの「パスチャ・シープ」の出自である。ボウデンは囲い込みの羊毛への影響と、その毛織物産業への影響に意識が集中し、品種の問題に対する意識がかなり薄い。あくまで牧草地の栄養価の上昇が羊を巨大化させたというばかりで、その羊はどこから来たかについては触れていない。

たしかに栄養価の上昇が巨大化の一因となったことは間違いないだろう。トロウ＝スミスも『イギリスの牧畜業――一七〇〇年まで』のなかでこう言っている。中世はもちろん十六世紀や十七世紀においてすら、後進的な農場経営のもとでは、羊に限らずすべての家畜が「栄養のレベルがその最高の能力値を発揮できるレベルを下回っていたために」、真の姿を顕現できずにいたのだ。そして「新しい飼料用作物が牧畜業者にもたらしたより高いレベルの栄養価が、いわば生産にかかっていたブレーキを解き放ち、家畜のメカニズムを最高スピードにより近いところで走らせた」。

栄養価の上昇が身体の巨大化をもたらすというのは、日本人でも年配の世代なら馴染みの現象ではないだろうか。戦後に食事情が変化していくなかで、日本人の平均身長は上昇した。ちょうど同じ現象が農業の生産性が躍進した十八世紀のイギリスでも起こっている。兵士の身体測定の記録によれば、その百年のあいだに平均身長が十センチ伸びている。羊の場合、それがそのまま利益につながるために、人間より先に巨大化が始まったのだ。

しかし羊であればなんでもいいというわけでもない。当然品種やタイプによって、巨大化のペースや限界値に差異があるはずである。巨大化を促進するしかない牧羊主たちは、そのためにもっとも効率のいい羊を求めただろう。ボウデンが引用した前述の一六一〇年の記録にも、「昔は今ほど羊に大量の羊毛が生えていなかった。それを求めて、みなが大量の羊毛を生やす羊を手に入れようとしたのだ」とあった。「パスチャ・シープ」という言葉は、もともとは「囲い込まれた牧草地の羊」という飼育形態の違いを表現する言葉だったのだろう。しかしどこかの時点で、この言葉は特定の種類の羊を表現する言葉に変容していったのではないだろうか。

たとえばジャーヴェイス・マーカムも前述の『安くて素晴らしい農業』(一六三一年)のなかで「パスチャ・シープ」という言葉を使っている。それによれば、ウスターシャ、ウォリックシャ、レスターシャ、ノーサンプトンシャ、ノッティンガムシャといったミッドランド(イングランド中部地方)の内陸部とそのすぐ下に位置するバッキンガムシャは、「とくにそれがパスチャ・シープである場合は、大きな骨を持ち(体も大きく)、姿ももっともよく、羊毛の繊維ももっとも長い羊」を有している。そしてその毛質は粗いということだ。

ここでの「パスチャ・シープ」という言葉は、むしろ羊の種類を表している。それは「フィールド・シープ」という対比の言葉を抜きに単独で使われている。しかもその羊は同一の形質を持ち、相当な広範囲に分布している。そしてなによりもこの引用部分は、これから羊を購入しようという読者のために、イングランド各地に生息する羊の種類を列挙した箇所からのものである。

「パスチャ・シープ」の出自の問題で有力な推論を立てているのが、ロバート・トロウ＝スミスである。イングランドにはこれまで、「パスチャ・シープ」と同じ長毛種と分類される品種がいくつか存在してきた。レスター種にリンカン種、ティーズウォーター種、コッツウォルド種、ロムニーマーシュ種、デヴォン種などである。ちなみにレスター種はマーカムが「パスチャ・シープ」と表現した羊の子孫だとされている。リンカン種の祖先についても、マーカムは「リンカンシャの羊」として「最大の羊だが羊毛は最良とは言えない」と紹介している。トロウ＝スミスは、このリンカン種、ケント州のロマニーマーシュ種、そしてイングランド南西部コッツウォルド丘陵のコッツウォルド種はもともとはおそらくローマ時代に移植された同一品種の羊で、それ以外の品種はレスター種も含め、そこから派生したものだと推測している。

ローマ起源説はともかく、すべての長毛種が血縁関係にあるという推論は、後にM・L・ライダーの生物学的な調査である程度の裏付けを得ている。ライダーは長毛種も含めた現存するイングランドの羊の品種の高カリウム血症とヘモグロビンAの遺伝子頻度を調査し、その結果を『アグリカルチュラル・ヒストリー・レヴュー』の「ブリテンの羊の品種の歴史」で報告している。それによればすべての長毛種のあいだでその数値に類似性があり、なんらかの血縁関係がある可能性が高いということだ。ただしこの二つの数値は環境の変化の影響も受けるので、過信するわけにはいかないそうだが。

トロウ＝スミスの推論やライダーの結論が正しいとすれば、長毛種という特定のタイプの羊の生息域の拡大が、長毛種の羊毛の取引量が増大しはじめた十六世紀以降のどこかの時点で始まったことになる。そして遅くともビールが前述の「調査と提案」を発表した一六七四年までには、その拡大に品種改良が関わるようになっていたことになる。ビールはこう言っていた。「ダウンズの多くの裕福な牧羊主たちが、調達可能なもののなかでももっとも大きな羊、とくに繁殖用の牡羊を手に入れようと、とても高い金額を提示している。そして時には、域外からとても大きく精力旺盛な牡羊を購入している」（傍点引用者）。もっともこれだけでは、牧羊主たちがキャヴェンディッシュが行っていたほどの「インブリーディング」や「グレイド・アップ」を行っていたかどうかまでは分からないのだが。

十六世紀、十七世紀はイギリスの牧畜史においては難しい時代である。明らかに牧畜業を取り巻く基本条件が変化したわけだが、牧畜業そのものの変化ついては情報が乏しく、その詳細については断片的にしか分からない。はっきりと言えるのは、環境の影響力への不安が高いため、たとえ国内での移動であっても、そのことが家畜の移植への足かせとなりえたことである。しかし十七世紀に入ると、農民のあいだでも「血」の力を利用して家畜を改善していこうという態度が見られるようになった。そして馬のブリーディングの領域においては、キャヴェンディッシュらの海外から導入した馬の品種改良が一定の成果を上げるようになっていた。キャヴェンディッシュの『新方式』の出版年は一六六七年だが、そこに記されている経験自体は、一六四四年に彼がイングランドから脱出する以前のものである。

あとは推測することしかできない。羊の巨大化を促進することが唯一の利益拡大の手段だった牧羊主たちの状況を考えれば、馬の品種改良の情報に、羊とは違う生き物だと無関心でいられただろうか。そして馬の品種改良での成功例があるのに、他地域から新しいタイプの羊を導入するのに、完全な移植を選択するだろうか。完全な移植に比べれば、キャヴェンディッシュの品種改良は割安である。彼はスペインのジャネット種を「泉の清らかさ」と讃えて心酔していた。その彼ですらもともとの牝馬の群れはイングランドの雑種の馬を利用したのである。彼の勇ましい「インブリーディング」も、そのつど種馬をスペインから移植するのを避けようとした経済的な理由があったのかもしれない。しかし推測が許されるのもここまでだろう。イングランドの農業領域での初めての品種改良は、一六七四年以前に始まっていた可能性は十分にある。

十八世紀に入ると、羊の巨大化に品種改良が明らかに関わってくる。エドワード・リールの『農業においての所見』からキャプテン・テイトとクラーク氏にもう一度登場してもらおう。一七〇七年、キャプテン・テイトは「パスチャ・シープ」である自分のレスター種を、より大型の「リンカンシャの牡羊を購入して改善しようと思うと言っていた。メイジャー・ハートップがそこにいて、(その牡羊の)サイズは小さめのものにするよう注意しろと指図した。そうしないと、牝羊が大きくない場合、子を産むときに死んでしまうかもしれない。翌日キャプテン・テイトと一緒にクラーク氏と会った。クラーク氏も同じことを言った。小型犬の牝が大型犬と交尾した場合、そうしたことが起こることをわれわれは知っている」。

キャプテン・テイトの挑戦がその後どうなったかについては語られていない。しかしメイジャー・ハートップとクラーク氏がともにまったく同じ助言を与えたことは、キャプテン・テイトのアイディアは彼独自の思いつきではなく、すでにいくつも前例があることを暗示している。だがここでそれ以上に重要なことは、キャプテン・テイトは「パスチャ・シープ」を導入するための品種改良ではなく、「パスチャ・シープ」を巨大化させるための品種改良を行おうとしていたことだ。

十六世紀、そして十七世紀の羊の巨大化の主要な原因は、囲い込みの進展と、囲い込まれた牧草地の栄養価の上昇、そしておそらくはその牧草地への「パスチャ・シープ」の導入にあった。そこに関わりえた品種改良は、ビールの「域外からとても大きく精力旺盛な牡羊を購入している」という報告から判断すれば、「パスチャ・シープ」の牡羊を利用したクロスブリーディングか、あるいは「グレイド・アップ」になるだろう。しかしキャプテン・テイトの挑戦が示唆しているとおり、十八世紀の羊毛量の記録では、その「パスチャ・シープ」の羊毛量が増大していく。

たとえば「最大の羊」であるリンカン種の場合は、十八世紀半ばには羊毛量が平均して九ポンド程度になっていた。十七世紀の記録では、「パスチャ・シープ」の羊毛量は最大でも七ポンドである。この増加の傾向はその後も続き、その世紀の終わりには十四ポンドという羊毛量も珍しくはなくなっていた。明らかに品種改良のタイプが変化したのだ。巨体という形質を持った牡と牝を掛け合わせるセレクティヴ・ブリーディングが行われていた証である。

今まで羊の巨大化を説明するうえで羊毛量の変化を利用してきた。十八世紀に入るまで、羊そのものの重量についてのデータは断片的にしか残っていないためだ。しかし十八世紀に入ると重量のデータが豊富に残っているので、ここで紹介しておこう。これまで「パスチャ・シープ」という言葉で表現してきた長毛種の去勢した牡羊の場合、頭、手足、内臓、毛皮などを取り除いて食肉用に加工した胴体だけの重量（生きている状態の重量の六十パーセントとされる）は、八十ポンドから九十ポンド（一ポンドは四百五十四グラム）になる。ただしリンカン種だけは十八世紀の半ばには百ポンドあった。

今まで「パスチャ・シープ」を中心に話を進めてきたので長毛種だけを扱ってきた。しかし短毛種にも巨大化した羊はいる。イングランド南東部を東西に走るサウス・ダウンズ丘陵のサウス・ダウン種の場合、十八世紀終わりにジョン・エルマンに改善されたものであれば、長毛種と同じ九十ポンドはある。しかもこの羊は羊毛も上質で、羊毛量は二ポンドから三ポンドだった。

十八世紀の重量の記録には、開放耕地で飼育された「フィールド・シープ」のものもある。羊の巨大化が始まった十六世紀の「フィールド・シープ」のものではないので、単純な比較はできないが、参考までに紹介すると五十ポンド弱が一般的だった。

図2　巨大なティーズウォーター種　Trow-Smith, 1959より

十八世紀半ば、イングランド北部にあるダラム州のティーズデイルの牧羊家たちが、「最大の羊」であるリンカン種を土台として品種改良を行い、さらに巨大なティーズウォーター種（図2）を造り上げた。彼らは羊毛よりも肉に重点を置いて品種改良を行ったため、羊毛量自体はリンカン種と同じ九ポンド程度だったが、食肉用に加工した胴体の重量は、ジョージ・カリーの『家畜のついての所見』（一七八六年）によれば、脚一本を含む「四半分で二十五ポンドから四十五ポンド」という巨体ぶりだった。「ティーズ川流域の著名なブリーダーであり、グレイジアーでもあるスミートンのT・ハッチンソン氏が一頭の去勢した牡羊を太

らせた。クリスマスにこれを絞めたところ、四半分で六十二ポンドと十オンス（一ポンドが十六オンス）あった」。

二百年以上も続いた羊の巨大化という現象が生み出した究極の、そして最後の羊が、このティーズウォーター種になるだろう。ウィリアム・マーシャルも『ヨークシャの農村経済』の第二巻（一七八八年）のなかで、この羊を「小型の牛のような巨体」と報告している。しかしマーシャルがそう報告したときには、ほんの数十年前に生まれたこの品種の時代は、すでに終焉《しゅうえん》の時を迎えていた。この羊を生み出した、羊の巨大化を求める思潮自体が減退していたのである。

しかしそれは食肉需要自体の減退を意味しているわけではない。食肉需要自体はむしろ増大していた。産業革命による都市部の工場労働者の増加により、今まで以上に「安い肉」の需要が高まっていたのである。

中世の羊毛業では、羊毛を生産する限り、羊を食肉に回すことはなかった。それと比較すれば、羊の巨大化は、食肉の需要の高まりが背景にあると言うことができる。たとえばリンカン種の場合、成熟するまでに四年かかる。その間三回羊毛を刈り、それから食肉市場に卸す。中世に比べれば、羊毛に対する肉の価値の上昇は明らかだ。だが逆に言えばこう言うことも可能だろう。三回分の羊毛も利益のうちに入っている。羊の巨大化は、この三回分の羊毛からくる利益のためでもあったのだ。

「安い肉」への需要の一層の高まりを背景に、羊毛に対する肉の価値をさらに重視した品種改良を行ったのがロバート・ベイクウェルになる。その意味では彼はティーズウォーター種を造り上げたブリーダーたちと目的を一にしていた。しかし彼は同時に、それまでとはまったく異なる思想のもとに品種改良を行ったのだ。彼は「パスチャ・シープ」を土台にして、ニュー・レスター種という羊を造り上げる。このニュー・レスター種が、羊の巨大化という現象を時代遅れのものにしてしまう。

第六章　牧草を肉に変えるマシン

1　ブリーダーとグレイジアー

スウェーデンの博物学者であり農業経済学者でもあるペール・カルムが一七四八年、イギリスに六か月間滞在している。北アメリカに渡って、農業に有用な植物を採取してくるようにスウェーデン王立科学院から命じられ、その途上に立ち寄ったのだ。カルムはロンドンの郊外に広がる牧草地帯と、そこでの農民たちの営みに大きな感銘を受けた。

ロンドン北部にあるウッドフォードの「農民たちは羊や子牛やその他の家畜をさまざまな場所から買い上げ、太らせるために囲い込んだ牧草地や小屋のなかでしばらく飼育し、ロンドンの肉屋に卸すのだ。このシステムはこのあたりの農民にとって、たいへんな利益の源である。というのも、イングランドで肉ほど大いに消費される食料はないからだ」

(『アメリカへの途上におけるカルムの一七四八年のイングランド訪問の報告』、一八九二年)。さすがに大肉喰らいのイングランド人と言ったところだが、彼らはその貪欲な食欲を満たすべく、肉をより旨くするための仕組みを作り上げていた。

その成果である肉の旨味にカルムは驚嘆している。「すべてのイングランドの肉は、それが牛であれ子牛であれ、羊や豚であれ、脂が乗って美味である」。彼の素直な感想は、とりもなおさずイングランドのそれと比べて大陸の肉がいかに旧態依然としたものであったかの傍証でもあろう。このシステムを支える「こうした農民たちはグレイジアーと呼ばれている。というのも、彼らは農業をほとんど行わず、家畜を太らせ売るために牧草と牧草地に自らを捧げているからだ」。

すでに何度か触れているとおり、「肉食革命」は食肉生産のための巨大なシステムを作りだす。そのシステムの主役として活躍するのが「グレイジアー」になる。そのため、このシステムを理解するためにもこの言葉の理解が重要になる。だがそれだけでなく、この言葉を正しく理解しなければ、ロバート・ベイクウェルも正しく理解できない。彼はブリーダーではあるが、彼の家系はもともとは「グレイジアー」であった。そしてこのことが彼の品種改良の戦略に大きく影響している。

しかし grazier という単語を辞書で引いてみても、「牧場主」という意味しか出てこない。

たしかにこの単語の大本である graze は「(家畜に)牧草を食べさせる」という意味ではあるのだが、牧畜の歴史書を読む場合、これではかえって誤解が生じてしまう。この「グレイジアー」という単語は、前述したとおり、食肉生産が階層化していく過程のなかで生まれたものだ。したがってまず、その階層化の歴史の概略を説明しておこう。

中世においては、家庭で消費するにしても肉屋に卸すにしても、退役した家畜を食肉にする場合、その前にかならず太らせていた。食肉需要の高まりのなかで、この役割を専業にしたのが「グレイジアー」になる。彼らは一般に都市近辺に肥沃な牧草地を所有しており、市場に売りに出された退役した家畜を買い取っては、牧草地や栄養価の高い飼料で太らせてから、市場で食肉用に売りに出すようになったのだ。

とくにロンドンは最大の肉の消費市場だった。食肉需要が高まりはじめた十六世紀は、イングランドのみならずスコットランドやウェイルズからの、このロンドンに向けた家畜の大移動が顕在化した時代だった。この大移動を「ドロウヴィング(家畜を追うこと)」と呼ぶ。これらの家畜は、まだ太らせていない「痩せた家畜」の状態でロンドンに送られる。そしてロンドンに向かう道すがら、それぞれの地域の市場で「グレイジアー」に購入され、残ったものは最終的にロンドンの肉の卸売市場であるスミスフィールドに到着する。そしてロンドン近辺の「グレイジアー」たちはスミスフィールドで「痩せた家畜」を購入しては、それを太らせふたたびスミスフィールドで食肉用として売りに出すのだ。
ロンドンに食肉用の家畜を卸す「グレイジアー」の農場や牧草地は広大な地域に広がっていた。当初は「ホームカウンティズ」と呼ばれるロンドン周辺の諸州だけだったが、それでもロンドンを奥行き数十マイルの牧草地が取り巻いていた。こうした「グレイジアー」たちの牧草地は時代が下るとともに拡大していき、十七世紀の半ばには、ホームカウンティズの外側にあるバッキンガムシャのエイルズベリー・ヴェイル、レスターシャの大牧草地帯、イーストアングリア地方（ノーフォークとサフォークの全域およびケンブリッジシャ、エセックス州の一部）の沿岸部、それとケント州南東部からイーストサセックス州東部にかけて広がる沿岸湿地帯のロムニーマーシュ（前述のロムニーマーシュ種はこの地域の品種）にまで及んでいた。

この家畜の大移動が十六世紀に入ってからはっきりと確認できるようになったのは確かだが、いつ始まったのかは分からない。しかしすでに一五二三年に出版されたフィッツハーバートの『農業の書』には、太らせるために「痩せた牛」を購入する際の助言が記されている。「より若いほうがよく餌を食べる」し、「あばらの広い」牛を選べということだ。

また一五三〇年代にヘンリー八世が修道院を解体したおりに、たとえばケント州テイムズ川河口部にあるシェピー島の修道院は百三十二頭の去勢牛を所有していた。その牛の用途は定かにされてはいないが、この数では農耕用というより食肉市場に卸すために太らせることが目的だったのだろう。こうしたことを考え合わせれば、魚の日の風習の衰退が始まる以前から、すくなくともロンドンでは肉の需要が高まりはじめていた。魚の消費の減退と肉の需要の上昇は相互に影響しあう関係ではあったとしても、けっして単純なものではない。

初めのうちはこの大移動でロンドンに集められた家畜たちは、農業や酪農、羊毛業で年老いて使い物にならなくなったものがほとんどだったのだろう。しかし前章で紹介したK・J・アリソンが「十六世紀と十七世紀の牧羊経営」で示していたとおり、ロンドンに近いノーフォークでは十六世紀の半ばから、現役の去勢された牡羊が食肉用としてロンドンに送られるようになっていた。時代が下るにつれ、そうした家畜の数が増えていく。

この食肉生産のシステムのなかで重要な働きをしたもう一つのキープレイヤーが、「ブリーダー」を専業とした農民たちである。たいていは農業を営むには土地が痩せすぎている高地などがブリーディングの中心だった。牛の場合、イングランドであれば北西部のランカシャやチェシャ、南西部のデヴォンシャやコンウォールに「ブリーダー」は集中していた。これに加えて、スコットランドやウェイルズもブリーディングの中心地だった。これらの地域のなかでもとくにランカシャやチェシャでは十三世紀あたりから牛のブリーディングが始まっていた。初めのうちは犂を曳く農耕用の牛を売ることが目的だったのだろうと考えられている。これらのブリーディングの中心地では、やがては牛のミルクを利用した酪農業も盛んになっていく。

羊についてはさすがに伝統的な牧羊国家らしく、イングランドのほとんどの地域で繁殖されており、「グレイジアー」には同時に牧羊業を営むものも多かった。しかし十七世紀に羊肉市場がしっかりと確立すると、ウェイルズやイングランド西部のウィルトシャの高地地帯や、リンカンシャやヨークシャのウォルドと呼ばれる高原地帯で、羊の繁殖を専業とした「ブリーダー」が生まれてくる。これらの牛や羊の「ブリーダー」の家畜は、農場経営者や酪農家、牧羊主だけでなく、「グレイジアー」からも購入された。

牛については補足しておくことがある。十七世紀になると、犂を曳く役割が牛から馬へと移行するケースが増えていくのだ。背景にあるのは、またしてもと言うべきか、戦場での事情だった。重装騎兵の乗馬を手に入れるためにあれほど苦労を重ねたイングランドだったが、その重装騎兵が時代遅れになってしまったのだ。代わりに重視されるようになったのは軽装騎兵で、脚の速い馬だった。それまで軍馬として活躍した大型の馬たちは、時を同じくして流行しはじめた馬車の引き馬や、犂の原動力として繁殖されるようになっていく。この変化に合わせて、去勢牛はますます味に貪欲な富裕層の舌を楽しませることを主要な役割とするようになっていった。スウェーデンの博物学者のカルムがその味に驚嘆したのも無理はない。それはそのために育てられた牛だったのだ。

この「ブリーダー」と「グレイジアー」の分業は一般にその土地の地味の良し悪しに応じたものだった。「ブリーダー」は畜類を自分たちで食肉市場向けに仕上げるほどの飼料を確保できず、食肉生産工程のその仕上げの部分を「グレイジアー」に委《ゆだ》ねたのである。

しかし十七世紀にカブや新種の牧草が導入され、十八世紀にはノーフォーク式四年輪作が広まっていくにつれて、この分業体制が曖昧《あいまい》になっていく。十分な飼料を入手できるようになった「ブリーダー」たちのなかには畜類を自分たちで仕上げるものも現れ、それに応じて「グレイジアー」たちもブリーディングに手を出すようになっていった。ランカシャのロングホーンが三世代もすると劣化して地元の牛と変わらなくなると嘆いたレスターシャのキャプテン・テイトはその走りになる。彼にしろクラーク氏にしろ、もともとはレスターシャの「グレイジアー」だったのだ。そして同じレスターシャで「グレイジアー」から「ブリーダー」に転じたロバート・ベイクウェルも、その系譜に属している。

ちなみに「グレイジアー」の仕事がどの程度儲かるのか、十七世紀初めの事例を一つ紹介しておこう。ケント州のトウク家はその時期、ロマニーマーシュに牧草地を所有していた。彼らの会計簿にときおり、「マーシュ・シープ」という言葉が出てくるが、これはロマニーマーシュ種の祖先だろうと考えられている。その彼らが一六一九年、ロンドンの肉の卸売市場スミスフィールドで北方から送られてきた去勢牛十七頭を八十三ポンドで仕入れている。彼らはそれを翌年百四十八ポンドで売っている。つまり一頭につき四ポンド弱の利益になる。ほぼ同時期にバークシャのロバート・ロウダーは十二頭の乳牛を所有していた。彼は穀物の栽培を主要な生業とするヨーマンで、その乳牛もけっして能力の高いものではない。そのため単純に比較はできないかもしれないが、その乳牛が一六一八年に生み出した利益は一頭につき一ポンド十六シリング八ペンス（二十シリングで一ポンド）にすぎなかった。

今まで何度かご登場いただいたレスターシャのクラーク氏が引退し、その後を引き継いで四百四十エーカーのディシュレー農場の借地権を手に入れるのが、件《くだん》のロバート・ベイクウェルの祖父であるロバート・ベイクウェルである。前述したが、ベイクウェル家は三代続けてロバートを名乗っていた。以降ベイクウェル家はレスターシャの多くの農民と同様、ロンドンに肉食用の家畜を卸す「グレイジアー」として生計を立てることになる。三代目のロバート・ベイクウェルもその専門知識をしっかりと仕込まれていた。

ここでまず断っておかなければならないのは、彼は「グレイジアー」から「ブリーダー」に転じるのだが、それは今まで説明してきたような意味での「ブリーダー」ではない。

図３　ロバート・ベイクウェル
Stanley, 1995より

彼は市場や「グレイジアー」に繁殖した畜類を売り捌くことはなかったし、そもそも食肉を生産することを目的とはしていなかった。繁殖の過程で間引いた大量の畜類を肉屋に卸しはしたものの、彼の目的は一途に新しい品種の開発であり、その収入の大半は、自分が造り上げた新しい品種の牡の種付け料だった。

その彼の「ブリーダー」としての輝かしい業績の背景に、「グレイジアー」としての高い技術があったことは、農業改良会の会長として農業技術の振興に尽力したジョン・シンクレア卿も認めていることだ。ロバート・ベイクウェル（図３）は、

> ブリーダーとグレイジアーという二つの異なる職業を合体させることはなかったが、グレイジングの偉大な技術を身に着け、それによって自分の品種をできる限り最高の状態に保持することができた。そして肉屋が持つあらゆる技術と経験をみずからの助けとした。この二つのおかげで、農民一般の期待に応えるよう家畜をブリードするた

めの原理だけでなく、家畜を完成の極みへと、彼が登場する以前であれば、まず到達不可能と思える状態へと高めるための原理を突き止めることができたのだ。

（『農業の規則』、一八一七年）

「グレイジアー」は食肉生産の工程のなかで、従来の「ブリーダー」より消費者に近い位置に立つ。そのおかげでベイクウェルは肉屋が求めるものを熟知していた。シンクレアは「完成の極み」と言うが、これは偶然達成されたものではない。ベイクウェルは品種改良において、それが羊であれ牛であれ、まず自分が造り上げるべき品種の「完成」された姿を、肉屋の要求から逆算してイメージしたのである。そしてそのイメージを実現するために品種改良を行ったのだ。それはまさしく、食うための家畜だった。

彼が用いた品種改良の技術はセレクティヴ・ブリーディングになる。これは特定の形質を持つ牡と牝を掛け合わせてその形質を子孫に定着させる技術である。従来は羊の巨大化の実現のために利用されていた技術だが、彼は右記のイメージを実現する手段としてこれを利用した。理想の羊に必要な形質を、この技術で自分の造り上げる品種に丹念に取り込んでいったのだ。当然必要な形質を持つ個体を選り出す能力は「グレイジアー」としての技術があればこそになる。なにしろ彼らは市場に出された「痩せた」牛や羊から、より早く成熟し、より肉がつき、より脂の乗る能力を持つ個体を選《え》り出すことを生業としてきたのだ。

2 環境を均一に

しかしベイクウェルの品種改良の具体的な戦略に話を進めるまえに、一つ考察しておかなければならないことがある。農民が代々不安を抱えてきた環境の影響力の問題である。第四章で説明したとおり、十八世紀に入るとこの不安は前世紀ほどの強度を失うが、それでも問題が解消されたわけではない。たとえば前世紀から続く羊の巨大化を目の当たりにした当時の人間のなかには、これこそ環境の影響力が絶対であることの新たな証と捉えたものもいた。一七二九年に『家畜を殖やし、改善するためのジェントルマンと農民へのガイド』を出版したリチャード・ブラッドリーもその一人だった。

ブラッドリーによれば「イングランドの羊の背丈やその他の資質の違いは、概して牧草地の違いから生まれる」。牧草地の質が悪いと、時の経過とともに大きな種類の羊も劣化し、三代、四代後には祖先の半分以下の大きさになってしまう。「逆に小さなサイズの羊も飼料をよくして、それを若いとき、自然が定める熟成の時期まで続ければ、改善されて大きくなりうる」。ブラッドリーは「パスチャ・シープ」を当時の農民の言葉で「長すね」と呼んでいるが、その「長すね」と小さな羊の違いも、「もっぱら右記の手法（つまり飼料の改善）によって」生まれると主張する。

一方ブラッドリーからちょうど六十年後、一七八九年に、すでに国際的な名声を博していたベイクウェルのもとを、今までも何度か引用したウィリアム・マーシャルが訪れている。彼はベイクウェルと彼を取り巻くブリーダーたちの「血」の力への信念をこう語っている。「したがってこう思える。ミッドランドのブリーダーたちはすべてを血統《ブリード》に基づいて捉えている。彼らはこう確信しているのだ。美も、形態の有用性も、肉の質も、脂肪のつきやすさも、両親の同様な特質の自然の結果として子の肉体のうちに現れる。そしてこのうえなく興味を引くことに、観察から明らかなことだが、これらの四つの特質は並立しうるのだ。たびたび驚くべき様態で、同一の個体のなかに統合して顕現するのだ」（『ミッドランド諸州の農村経済』第一巻、一七九〇年）。

もちろん「血」の力へのこの圧倒的な確信は、当時においても突出したものだった。一七九三年にベイクウェルのディシュレー農場（図4）に見学に訪れたサセックスの二人の農民、W・レッドヘッドとR・レインは、『農業年鑑』の第二十巻でこう報告している。

図4　ベイクウェルのディシュレー農場　Stanley, 1995より

ベイクウェルは牧草地の毛質への影響を除き、「気候であろうと牧草地であろうと、肉体的な変化にまったく影響を及ぼすことはないと確信している。これは一般には信じられても、あるいは理解されてもいないことであり、さらなる調査と注目に値する」。

したがってたしかにブラッドリーとベイクウェルの比較は両極端を比較することになる。ブラッドリーの見解もまた、実際に牧草地で進行していた現象を考えれば、彼の時代においては極端なものだった。前述したとおり、ジョン・ビールが報告したダウンズ地方の裕福な牧羊主や、大柄のリンカン種の牡を自分のレスター種に掛け合わせようと考えたキャプテン・テイトのように、「血」の力を利用して羊の巨大化を加速させようとした農民たちがブラッドリー以前にすでに存在した。

しかしそう割り引いて考えたところで、ベイクウェルの「血」の力への確信は突出している。彼はいかにしてこの確信に至ったのか。彼はセレクティヴ・ブリーディングで複数の形質を自分の品種のなかに取り込んでいくわけだが、そのためには前提として、その形質が「血」に左右されるものだと知らなければならない。家畜の形質のどこまでを環境が定め、どこまでを「血」の力が決めるのか、その境界線が現代よりも曖昧な時代に、彼はいかにしてその知識を確立したのか。

ベイクウェルは秘密主義で有名だった。ブリーダーにしてみれば、苦労して獲得した「血」の力の知識は言わば企業秘密になる。したがって彼の秘密主義も当たり前のことなのだが、そのため当時の人間も後世の歴史家も、散在する情報をつなぎあわせてその隠された部分を推測していかなければならない。右記の問題についても、ベイクウェルは明確な情報を後世に残してはいない。

そうした知識の入手先として一つ考えられるのは、先達のブリーダーたちである。もちろんベイクウェル以前にも優秀なブリーダーはいた。ただし彼らは、アーサー・ヤングやウィリアム・マーシャルといった、農業技術の広報家たちと同時代を生きていなかった。そのためにそのブリーディングの手法を含めた情報が、ベイクウェルのそれと比較して極端に少ないのだ。実際、ベイクウェルは一七四五年にディシュレー農場を父親から引き継ぐが、その時代に現役だったブリーダーたちの情報すら、ほとんど歴史の靄《もや》のなかにある。マーシャルによれば、羊についてはベイクウェル以前にレスターシャのジョセフ・アロムなる人物が、牛についてはウォリックシャの「ウェブスター氏」なる人物が、ミッドランドでは高名なブリーダーだったらしい。とりわけ「ウェブスター氏」については、「この王国で繁殖されたもののなかで、とくに牛については当時存在していたもののうち、そしてこれから存在するもののうち、一番のものを所有していた」という、「ウェブスター氏」を直接知るブリーダーの言葉をマーシャルは紹介している。

情報がほとんどないので具体的なことは分からないが、ベイクウェルは「ウェブスター氏」と交流があった。実際ベイクウェルは自分の牛の品種を造り上げるさいに、「ウェブスター氏」の牛を相当数素材として利用している。加えて羊についても、「ウェブスター氏」から牝羊を購入した記録が残っている。こうした先達たちとの交流からベイクウェルが「血」の力への確信や、遺伝が決定力を持つ畜類の形質についての知識を手に入れた可能性は十分にある。

また「グレイジアー」としての一族の経験から入手した知識もあるだろう。どんなに飼料を与えてもなかなか太らない個体や、それほど与えなくても太る個体もいることを、彼らは経験として知っていただろう。これは逆に言えば、太りやすい太りにくいといった形質が、環境を構成する重要な一要素である飼料とは無関係に存在するということでもある。当時羊の巨大化を促進しようとしたブリーダーたちは、一般的に骨の太い羊を選んできた。しかしベイクウェルはそれとは逆に、骨が細いという形質をセレクティヴ・ブリーディングで重視した。このことも、骨が細いほうが脂がつきやすいという知識を「グレイジアー」である父親からベイクウェルが引き継いでいたからではないかと、『セレクティヴ・ブリーディングの遺伝子学前史』のロジャー・J・ウッドとヴィテスロフ・オリョルは推測している。ただし巨大化という現象においては究極の羊であったティーズウォーター種についても、ブリーダーたちはベイクウェルと同様、骨の細さを重視したとも言われていることを付け加えておこう。

だがもう一つ、ヤングやマーシャルをはじめ、当時の報告者たちが異口同音に伝えるベイクウェルの性癖がある。相当の実験好きだったのだ。ベイクウェルを初めて取材し、世に知らしめたのはアーサー・ヤングだが、一七七一年に出版した『イングランド東部への農民の旅行』のなかですでにベイクウェルの「実験」について触れている。「ベイクウェル氏はほかの牛の品種と自分の品種とを、なんどか比較している」。一七八〇年代の半ばに来訪したおりの報告では、「王国の羊のほとんどの品種に実験を行っていた」（『農業年鑑』第六巻、一七八六年）そうだ。

マーシャルは『ミッドランド諸州の農村経済』の第二巻（一七九〇年）のなかで、一七八五年の記事として、「あるグレイジアー」の実験について報告している。後世の研究者のあいだでは、そのグレイジアーとはベイクウェルのことだとされている。その報告によれば、そのグレイジアーが行っていた実験は、複数の個体にまったく同じ飼料を与えつづけ、成長率の違いを調べるというものだった。さまざまな場所から同じ値段で、一歳未満の牡の子羊を多数購入し、まったく同じ飼料で育てる。一年後には「純粋に体格の違いから、それぞれの値段に一頭につきすくなくとも十シリングの違いが生じる」。そして「これこそ家畜の生来の特性に注意深く目を向けることの妥当性を証明する、数多くの事例の一つである」ということだ。

つまり彼は飼料を統一することで、環境が肉体に及ぼす影響を均一化したのである。そのなかで個体に生じる差異こそ、「血」の力、すなわち「生来の特性」によるものである。さすがに飼料がふんだんにある「グレイジアー」出身ならではの実験だが、飼料を均一に保とうとする態度は、実験という特殊な場合だけでなく、ベイクウェルの飼育全般に見られた態度でもあった。

ディシュレー農場の牧草地は当時の基準ではきわめて特異な区分けをされていた。四百四十エーカーある農場のうち三百三十エーカーが牧草地なのだが、その牧草地を彼は十エーカーごとに囲い、その十エーカーの囲い地のいくつかを、さらに小さな囲い地で区切った。この細かい区分けを不思議に思ったアーサー・ヤングはベイクウェルにその理由を尋ねているが、その際のベイクウェルの解答は、牧草を余すことなく利用するためというものだった。囲いを設けず自由に放牧すると、家畜は美味しい牧草しか口にしない。残された牧草はやがては不味くなり、「痩せた家畜」すら見向きもしなくなる。その損失を防ぐため、細かく区分けした牧草地で放牧し、一つの区画の牧草を食べつくしたら、次の区画に移していく。そして八月までに家畜を入れなかった区画の牧草は刈り入れてしまう(『農業年鑑』第六巻)。

この説明にヤングはいまひとつ納得できなかったようだが、実はベイクウェルは別の機会に、ヤングにこの区分けのもう一つの理由を理解するヒントを与えている。彼はそもそもが百頭を超えるような大きな群れを一つの囲い地に放つことを「野蛮な習慣」と見なしていた。「そのような群れでは、もっとも強いものが残りを追い払い、他のものは餌を食べられなくなってしまう」。そうした事態を避けるためにも、「どうしていくつもの小さな囲いを農場のいろいろな場所に設け、異なる種類や年齢、強さのものを選《よ》り分けないのか」(『農業年鑑』第六巻)。つまりベイクウェルの牧草地の細かい区分けには、飼料の損失を最小限に抑えようという経済的な理由だけでなく、すべての家畜に均等に飼料を配分しようという、彼の飼育上の戦略があったのである。

飼料の量を均一化するだけでなく、品種や性別、年齢、強さなど、さまざまな基準で家畜を分類し、群れの規模自体を可能な限り小さくする。そのうえで「血」の力によって生まれてくる家畜の差異を、ベイクウェルは丹念に見つめつづけたのではないだろうか。そしてそうした差異のなかから、理想とする食肉用の家畜の形質を集めつづけたのである。その結果最初に生み出され、ベイクウェルに最大の名声をもたらしたのがニュー・レスター種、あるいはディシュレー・シープと呼ばれる羊になる。

3 亀のような羊

ニュー・レスター種を造る素材となった羊については論争がある。牝については、ベイクウェルが選《え》りすぐった古い時代のレスター種の群れが利用されたということで、後世の歴史家の見解は一致している。問題はその群れに掛け合わせた牡である。

一七七〇年にディシュレー農場を訪れたアーサー・ヤングは、「この品種はもともとはリンカンシャの羊だった」(『イングランド東部への農民の旅行』)と言っている。この言葉どおりであれば、その牡は「リンカンシャの羊」になる。そしてこの時代「リンカンシャの羊」と言えば、一般にリンカン種を意味した。『安くて素晴らしい農業』(一六三一年)のなかでジャーヴェイス・マーカムが「最大の羊」と紹介し、十八世紀初頭にキャプテン・テイトが自分のレスター種に掛け合わせようと考え、十八世紀半ばにティーズデイルの農民たちがティーズウォーター種を生み出す素材とした、あの羊である。

ベイクウェルの時代にはティーズウォーター種の出現により、リンカン種はもはや「最大の羊」ではなくなっていたが、この牡羊が交配に利用されたことは間違いない。ベイクウェルの一番弟子であり、ニュー・レスター種を造り上げる過程を目の当たりにしていたはずのジョージ・カリーが『家畜についての所見』(一七八六年)のなかでそう認めているからだ。

しかし図5の二つの写真を見比べてほしい。上がリンカン種で下がニュー・レスター種になる。この二つの模型はジョン・シンクレア卿が会長を務める農業改良会の依頼で、彫刻家のジョージ・ガラードが十八世紀の終わりから十九世紀にかけて、およそ五分の一のスケールで作製したものだ。体高が高く、頭が大きく、脚が長く太いリンカン種に対して、ニュー・レスター種は、羊に限らずベイクウェルが造り上げた品種を形容するのに当時よ

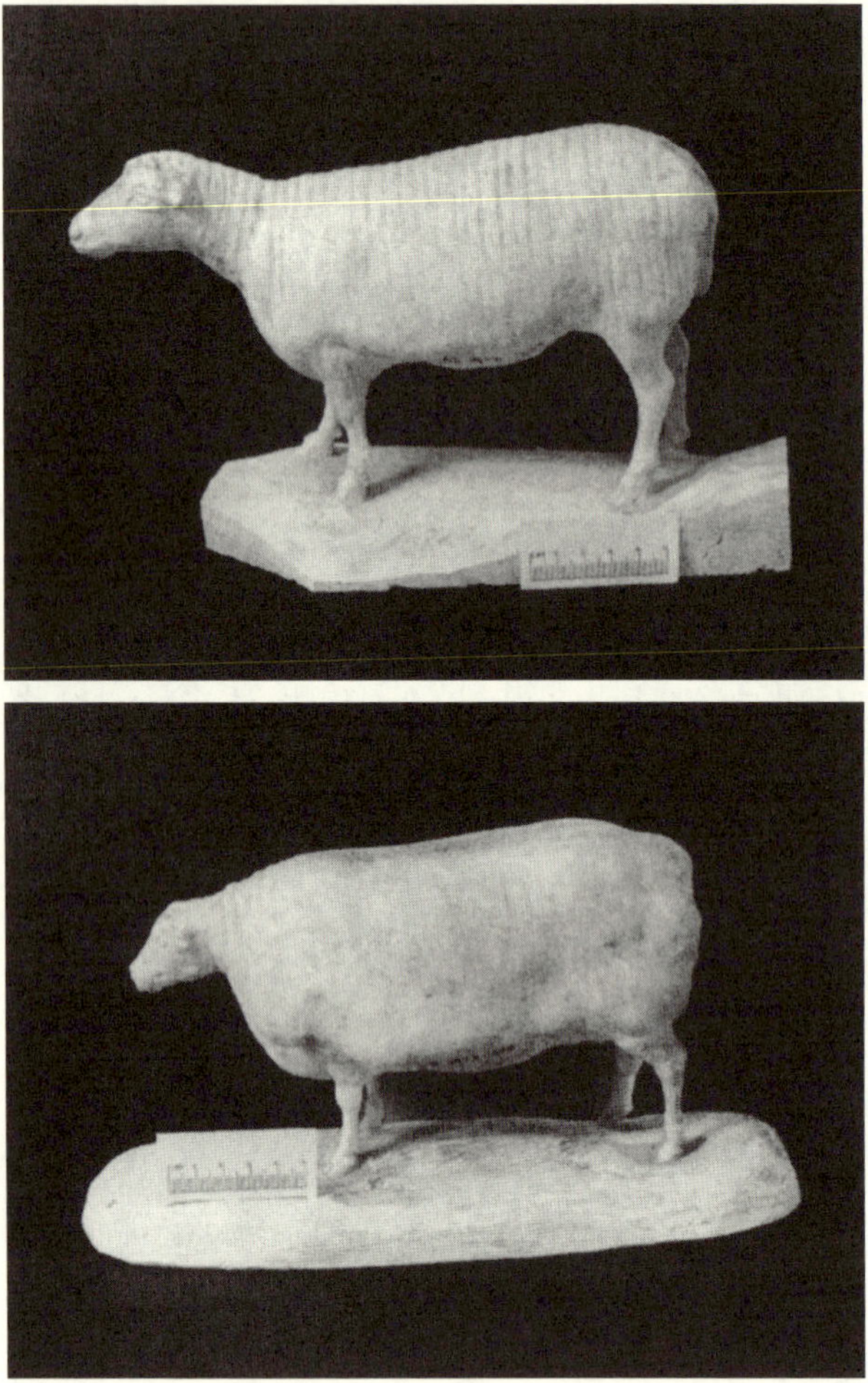

図5　上：リンカン種　下：ニュー・レスター種　Wood and Orel, 2001より

く使われた言葉で表現すれば、胴体は「樽」のような形状で、頭は小さく、脚も短くしかも細い。マーシャルはこの羊の胴体を、「縦よりも横幅のほうがあり、横幅と長さがほとんど同じ」（『ミッドランド諸州の農村経済』第一巻）と精密に表現しようとしているが、馬の権威でもあり、農業領域の畜類にも造詣《ぞうけい》が深いジョン・ローレンスはただの一言、「亀のような形」（『牛、羊、豚、家畜についての概論』〔一八〇五年〕）と言っている。

この変貌ぶりをどう考えればいいのか。ちなみに今までも何度か引用したロバート・トロウ＝スミスによれば、素材の片割れであるレスター種はリンカン種と姻戚関係にあり、ベイクウェルが農場を引き継いだ十八世紀半ばには両者の違いは大きさと羊毛量以外にほとんどなかったらしい（『イギリスの牧畜業——一七〇〇年から一九〇〇年まで』）。したがってこの変貌の原因は牝にあるわけではない。ベイクウェルが用いた技術はセレクティヴ・ブリーディングになるわけだが、姻戚関係にある似通った羊を掛け合わせ、そのなかの特定の形質を有した個体を選別していくだけでここまでの変貌を実現できるものなのだろうか。

この件に関して、例によってベイクウェルはだんまりを決め込んでいる。そのため当時から、この羊の出自についてはさまざまな憶測が飛び交っていた。リンカン種の牡羊が交配の中心だったとしても、まったく異質な品種とのクロスブリーディングが介在したのではないか。マーシャルは『ミッドランド諸州の農村経済』第一巻のなかで、当時彼が耳にしたそうした見解のいくつかを紹介している。なかでも、イングランドで最上の毛質を誇っていたライランド種とのクロスブリーディングについては、外見やサイズ、羊毛、肉、太りやすい性質という見地から、「ある程度の可能性はある」と認めている。

ただし彼自身はクロスブリーディングがなかったとほぼ確信している。彼は続けてこう推測しているのだ。「その異質な品種が何であれ、クロスは一度も行われなかった。この改善は姻戚関係にある品種から個体を選別することで行われたのだ。そしてその姻戚関係にある品種とは、B氏のまわりにいる長毛種のいくつかの品種や異種のことである」。

現代の論者に目を向ければ、トロウ＝スミスはマーシャルの右記の紹介を論拠の一つとして、リンカン種に加えてライランド種とのクロスブリーディングが介在したと主張している。一方『似たものが似たものを産む』のニコラス・ラッセルは、「もともとはリンカンシャの羊だった」というヤングの言葉にこだわり、素材となった羊をあくまでリンカンシャに求めている。ただしラッセルは、同じ「リンカンシャの羊」でも、リンカン種とはまた別の羊を候補として取り上げているのだが。

リンカンシャにはリンカンシャ・ウォルドと呼ばれる高原地帯がある。そこには「パスチャ・シープ」とは別系統の「ウォルド・シープ」と呼ばれた小型の羊がいた。ラッセルの言う別の羊とはこの羊のことである。この羊はやがては巨大化という時代の潮流に飲み込まれて消失してしまうのだが、ベイクウェルがニュー・レスター種を創造した時代にはまだ存在していたのだ。

しかしいずれにせよベイクウェル本人が種明かしをせずに世を去った以上、この問題についてはは状況証拠を積み重ねて推論する以上のことはできない。そうした推論の一つ一つをこれ以上紹介しても、あまり意味のないことだろう。だがこの論争が延々と二百年以上続いてきた背景には、見た目の劇的な変化以外にも重要な理由がある。そのことだけは説明しておこう。ベイクウェルが求めた理想や、ニュー・レスター種の本質を考えると、その理想の羊の素材として、「最大の羊」であるリンカン種だけにこだわることに、それほど高い合理性を見出すことができないのである。

たしかに時代は羊の巨大化を求めていた。ベイクウェルの半世紀前、キャプテン・テイトも明らかにそれを目指していた。だから「最大の羊」であるリンカン種の選択が合理的だったのだ。そしてティーズウォーター種の出現に見て取れるように、この潮流はベイクウェルの時代にも続いていた。しかしベイクウェルは長年続いてきたこの時代の潮流とはまったく違う目標を掲げ、羊をはじめとした畜類の品種改良に新たな方向性を与えたのだ。彼の新しさはそこにある。

彼は巨大化ではなく、効率性を求めていた。「グレイジアー」出身の彼は家畜を、「グレイジアー」の財産である牧草を肉に変換するマシンと捉え、その変換率の効率化を目指したのだ。そしてその実現のために、彼はあえて時代が求める羊の体格の大きさを犠牲にした。代わりに彼が重視したのは、前述した骨の細さと成熟の早さだった。

体格の大きさを犠牲にして、骨の細さと成熟年齢を早めるという組み合わせがなぜ効率性の上昇につながるのか、その理由はこれからお話しする。しかしこれらの形質をベイクウェルが重視している以上、リンカン種はニュー・レスター種とは正反対の羊になる。リンカン種は「最大の羊」であり、骨太で、四歳という成熟年齢は通常の長毛種の三歳と比較しても遅い。当時や後世の論者の多くがライランド種や幻の「ウォルド・シープ」や、あるいはそれ以外の小型の羊にこだわるのもそのためである。もちろん今となっては真相は闇のなかだが、ニュー・レスター種の本質を知れば知るほど、それに相応しい候補を求めずにはいられなくなるのだ。

4　牧草を肉に変換するマシン

ベイクウェルはいわゆる農業革命の「英雄」の一人だった。第二章でも説明したが、十九世紀末の農業史の研究者たちはデータや資料が十分とは言えない状況で、「革命」という言葉に相応しい「英雄」を作り上げてしまった。ベイクウェルについても、あたかも家畜の品種改良の創始者とでも言わんばかりの持ち上げようだった。

彼らが利用した資料は主としてヤングやマーシャルなどの文献資料になるのだが、その証言を他の資料で比較検証することなく受け入れてしまったきらいがある。冷静なマーシャルはまだしも、感動屋のヤングはベイクウェルの言葉を無批判に肯定するところがあり、資料として利用するには注意が必要だ。しかし彼らの置かれた研究環境の限界を考えれば、その勇み足もある程度やむをえないことだっただろう。

その後データや資料が充実するにつれ、他の「英雄」たちと同様、ベイクウェルの脱英雄化が始まる。直接的な証拠に乏しくとも、実際には家畜の品種改良はずっと以前から始まっていた。先達のブリーダーと比較すれば当然のこと、同時代のブリーダーと比べてもベイクウェルがことさら有名になったのは、ヤングやマーシャルという広報家に恵まれたからだ。実際ベイクウェル自身の広報能力も高かった。彼の秘密主義もただたんに企業秘密を守るためという以上の目的があったのだろう。

この脱英雄化の流れのなかで、これからお話しするベイクウェルのブリーディングの目標についても、その目標が達成されたかどうかは論者によって見解のばらつきがある。そこでまずは当時の文献資料や後世の研究を参考にして、ベイクウェルが定めた目標を解説する。その後その目標が実際に達成されたのか、後世の研究者であるトロウ＝スミス、『似たものが似たものを産む』のニコラス・ラッセル、『セレクティヴ・ブリーディングの遺伝子学前史』のロジャー・J・ウッドとヴィテスロフ・オリョルの見解を紹介していこう。

「グレイジアー」出身のベイクウェルにとって理想の家畜とは、「グレイジアー」の財産である牧草を効率よく肉に変換する家畜だった。そのために彼が重視したまず第一の目標は、成熟する年齢を早めることだった。長毛種の場合、以前の品種であれば通常成熟するまでに三年から四年かかっていたのだが、ニュー・レスター種は二年で成長の頂点に達し、肉の量を最大の状態にして肉屋に卸すことができた。いやむしろ、それ以上飼育に時間をかけると脂がつきすぎるという欠点があったようだ。ニュー・レスター種は「最大の羊」というわけではないが、リンカン種と比較してみても分かるとおり、「パスチャ・シープ」として恥ずかしくないだけの巨体を誇っていた。つまりその分効率よく利益を上げることができたのだ。

つぎの目標は、ヤングの言葉を借りれば、「それが羊であろうと牛であろうと、もっとも経済的に価値のある部位の肉がもっとも重くなる家畜」（『イングランド東部への農民の旅行』）の実現である。より具体的には、「尻、腰、背、肋《あばら》、そして最後に脾腹《ひばら》、言い換えれば後部上方の四半分」といった高く売れる部位に肉がより多くつき、「腹、肩、首、脚、頭部」といった安価の部位に肉があまりつかないような家畜を理想とした（『農業年鑑』第六巻）。安価な部位に余計に肉がつくということは、それだけ飼料が経済的に無駄に消費されたことになるからだ。

ただし後述する牛についてはこの目標を達成できたようだが、ニュー・レスター種の「もっとも際立った特徴は、前半部がふくよかであり、後半部と比較すると重量があることだ」とマーシャルは指摘している。つまり右記の目的が達成されていないことになるわけだが、この点を指摘されると、この羊の信奉者たちは「羊肉を食べる人間の大半はより貧しい階層の人間で、この改善の大いなる目的はそうした肉の供給にある」と答えたそうだ。つまり羊については前半部の安価な肉を増やしたほうが、経済的には理に適うということだが、これはいささかベイクウェルを神格化しすぎというものだろう。

第三の目標は食べることができる肉と脂身の割合に対し、食べることができない箇所の割合を最小化することである。これも飼料が食べることのできない部分の成長で消費されるのを嫌った、効率重視の態度に由来する目標である。食べることができない箇所の最たるものがすでに触れた骨になるのだが、それ以外にもベイクウェルは頭、皮、内臓、蹄、獣脂をできるだけ小さくしようとした。

図5の写真を見ても分かるとおり、ニュー・レスター種の脚はリンカン種と比較するとかなり細いが、それはベイクウェルが骨が細いかどうかの判断材料として脚の太さを利用したためである。実際、骨は相当細くなったようだ。マーシャルはニュー・レスター種とノーフォーク種の肋骨を比較したサンプルを検分し、その違いに驚愕している。「後者（ノーフォーク種の肋骨）のサイズはほとんど二倍で、前者（ニュー・レスター種の肋骨）を覆っている肉の厚みは三倍である」。

最後の目標がもっとも実現が困難なものになる。そして効率を重視するベイクウェルにとっては、一番重要な目標だったかもしれない。すなわち、飼料をより効率よく肉に変換する能力、言い換えれば、同じ量の飼料でより多くの肉を生産する能力の実現である。この能力がベイクウェルの造り出した品種のうちに実現されていたかどうかについては、当時の論者のあいだでも意見が分かれていた。

ベイクウェルの信奉者と言っていいヤングは実現できたと無批判に信じている。実は骨が細いという形質はこの目標のためにも重要だった。ヤングはこの件についてのベイクウェルの言葉を紹介している。「骨が小さいほうが牛の体のつくりは本来あるべき姿に近づき、よりはやく太る」。羊も含め、そうした畜類は骨が太い畜類よりもより経済的に、つまりより少ない飼料で肉がつくというのだ。「価格に対する牧草の比率こそ、真に重要な唯一の関心事である」（『イングランド東部への農民の旅行』）とヤングは雄弁である。一方より冷静なマーシャルはそうした能力が実現されれば有用であることは認めながらも、「この能力はこれからの証明を待つ数多くの望ましいもののうち、第一のものである」と判断を保留している。証明するには、実験の性質があまりに複雑になるためだ。

これらの四つの目標のうち、最初の二つについては達成できたということで、後世の研究者の見解は一致している。成長の早さについても、特定の部位に肉がつく性質についても、セレクティヴ・ブリーディングに利用する個体を選別するのが可能だからだ。

しかし第三と第四の目標については見解が分かれている。第三の目標の頭と蹄についてはやはり確認が容易であるため、セレクティヴ・ブリーディングも可能だろう。実際写真を見てもその成果は明らかである。骨の細さについては脚の太さという目に見える部分を選別の目安とした。そしてマーシャル以外にも目撃証言が豊富にある。また皮の薄さについてはベイクウェルは耳の薄さを目安とした。この形質についても、ベイクウェルの死後にニュー・レスター種について、皮が脆《もろ》すぎるというクレイムが複数報告されている。そのことを考えれば、やはり達成されたのだと判断していいかもしれない。

しかし内臓や獣脂といった目に見えない部分の形質を、羊を殺さずにベイクウェルはどうやって選別したというのか。また、仮にこれら個々の形質が実現できていたとしても、はたしてそれで全体として、食べることのできる部分の比率は劇的に改善されたのだろうか。トロウ＝スミスと『セレクティヴ・ブリーディングの遺伝子学前史』のロジャー・J・ウッドとヴィテスロフ・オリョルはこの目標が達成されたことに疑念は抱いていない。しかし『似たものが似たものを産む』のニコラス・ラッセルは懐疑的である。ベイクウェルがニュー・レスター種を造り上げた十八世紀の半ばには、生きている家畜の内臓の重量を測る計器は存在しない。重量全体のなかでの「食べることのできる」部分の比率など、なおさら計測不能である。だとすればどうやってそうした形質を持つ個体を選別できるというのか。

そして最後の目標が達成されたかどうかについてだが、トロウ＝スミスはこの目標それ自体に触れていない。『似たものが似たものを産む』のラッセルは、マーシャルと同じ理由で懐疑的である。第三の目標が対象としたのはまだ肉体的な形質だった。最後の目標はそうではない。生理学上の形質になる。マーシャルも言うとおり、これは証明が困難な形質である。そのような形質を持った個体をどのように選別するというのか。

一方『セレクティヴ・ブリーディングの遺伝子学前史』のウッドとオリョルは肯定的で

ある。彼らは三代続いた「グレイジアー」としての経験の集積から、ベイクウェルがそうした知識を手に入れたと考えている。たしかに「グレイジアー」は十六世紀初頭から太りやすい個体を「痩せた家畜」のなかから選別する技術を高めてきた。一五二三年に出版されたフィッツハーバートの『農業の書』に、「痩せた牛」から太りやすい個体を選別するさいの助言がすでに掲載されていたことは紹介している。しかしこのことを根拠とするのであれば「グレイジアー」の技術を詳細に調査する必要があるが、残念ながら両名の論述ではその部分にそこまでの具体性はない。

四番目の目標については、それが達成されているかどうかを確認するために、当時さまざまな実験が行われていた。しかしマーシャルも認めていたように、実験の性質それ自体が複雑になるため、なかなか信頼できる実験結果が残っていない。またベイクウェルも実験を行っていたようだが、彼は例によってその結果を公表していない。ラッセルにしろ、ウッドとオリョルにしろ、そうした実験のなかから自説を証明するのに都合のいいデータを引き合いに出してはいるが、それをもって証明とするにはデータ量が少なすぎる。

牧畜史の研究者にしてみれば、ベイクウェルの目標が実際に達成されていたかどうかは重要なことだろう。その程度によって、ベイクウェルのブリーダーとしての技量が決定されることになるからだ。しかし牧畜史という枠組みの外側から見た場合、ベイクウェルの真の凄《すご》みはセレクティヴ・ブリーディングの技術力にあるのではない。その技術で実現しようとしたイメージの独創性、右記の目標を目標と設定したこと自体にある。

これら個々の目標のなかには、彼のオリジナルとは言えないものもある。たとえば成熟の年齢を早めるという改良は、すでにランカシャの酪農家が後述するロングホーン種の牛で実現していた。これもまた後述するが、先達のブリーダーである「ウェブスター氏」がこれらの目標のうちいくつかを、牛のブリーディングで実現していた可能性もある。しかし彼は「グレイジアー」という立場から、すべての目標を効率性をキーワードにまとめ上げたのだ。彼は牧草の損失を最小限に抑えるため、牧草地を細々と区分けしていた。彼の設定した目標は、その態度を牧草地で牧草を食《は》む家畜の形質にまで徹底していくことで練り上げられている。その結果生み出された理想の家畜のイメージこそ、彼独自のものだった。

そして考えてもみてほしい。ベイクウェルからほんの百五十年前までは、家畜は環境という牢獄のなかで、何世代も変わらぬ姿のまま悠久の時を過ごしていたのだ。その後百五十年、彼らはとぼとぼとした歩みで変化してきた。しかし農民たちが羊にもたらした変化は肉体の巨大化と、羊毛量の増大だけだった。それはそれで経済的には十分な価値があっただろう。しかしベイクウェルが目指したものはそれとは次元が違う。彼にとって家畜とは、人間の要求に合わせていかようにも姿かたちを変えることができるプラスティックなものだった。そしてその真実を、その広報能力をもって世間に知らしめたのだ。彼は意図しなかっただろうが、これが思想史に与えたインパクトはいかほどのものだっただろう。

5　ブリーディング・イン・アンド・イン

ヒポクラテスやアリストテレスは遺伝という現象を認識し、不完全なものではあってもその現象を説明しようとした。ところが十七世紀から十八世紀にかけて、自然哲学の領域で遺伝という現象を説明した、いや、説明しなかったというべきか、とにかく生命体の形質が決定される仕組みについて説明した論説のなかで最有力のものは、前成説と呼ばれるものだった。

「形質が決定される」と言ったが、これは語弊がある。前成説では生まれるまえから形質は決まっているのだ。そのなかでも極端な論説が「卵子論」と「精子論」と呼ばれるものである。卵子でも精子でもいいのだが、その論者の考えではいずれかのうちにその生物の雛形が組み込まれている。しかもその雛形自体に卵子なり精子なりがさらなる雛形として組み込まれており、さらにその卵子、精子にもといった具合に、この構造が入子状《いれこ》に延々と続いているというのだ。そして生殖行為を経て、一番外側にある雛形が展開して人間なりの生き物に成長する。

論者たちは入子構造になっているのが卵子か精子かという、農民から見ればきわめて不毛な論争を繰り広げていた。当然この理論に遺伝という概念の入り込む余地はない。すべてがあらかじめ決まっているのだ。さすがに自然誌家のビュフォンやリンネらは雌雄《しゆう》双方が遺伝に影響力を持つと認めていたが、彼らの見解が大勢を占めることはなく、たとえばチャールズ・ダーウィンの祖父、自然誌家のエラズマス・ダーウィンも後年見解を改めるまでは断固とした精子論者だった。体液理論やアリストテレスはすくなくとも十七世紀にキャヴェンディッシュを生み出した。しかし前成説が品種改良の助けになるわけもなく、農民たちはいよいよ独力で遺伝の問題に取り組まなければならなかった。

十八世紀にはさすがに体液理論の影響は弱まるが、農民たちにとってはいまだに「血」こそが遺伝を決定する物質だった。マーシャルはミッドランドのブリーダーたちの遺伝についての考えをこう説明している。「遺伝によるものと分かっている」資質は、「すくなくともかなりの部分、血統《ブリード》、あるいは技術的に血《ブラッド》と呼ばれるもの、すなわち親の特定の資質によって決定される」(『ミッドランド諸州の農村経済』第一巻)。

もちろん、「血」がいかにして遺伝を引き起こすのか、彼らがその生理学的な説明まで含めてアリストテレスを信じていたというわけではない。この問題に関して彼らが持論を開陳《かいちん》することはなかったのではっきりとは分からないが、おそらくは長年の経験から「血」が遺伝と関わっているという部分だけを信じていたのだろう。たとえばアリストテレスの説明では生理学的に女性よりも男性のほうが遺伝において優位に立つが、十八世紀終わりのミッドランドのブリーダーたちは、もはや牝の遺伝の能力を軽視することはなかった。

ベイクウェルはヤングと出会う一七七〇年までには理想の羊であるニュー・レスター種をセレクティヴ・ブリーディングで造り上げていた。それ以降彼の次なる目標は、その羊が持つ理想的な形質の組み合わせを、次の世代でできるだけ高い確率で再現することだった。この目標を達成するために、ベイクウェルはブリーディングの戦略を変える。キャヴェンディッシュを彷彿《ほうふつ》とさせる「インブリーディング」を開始したのだ。

当時この繁殖方法はマーシャルによれば「ブリーディング・イン・アンド・イン」と呼ばれていた。ヤングやマーシャルが言うには、この手法はすでに鳥や犬やサラブレッドのブリーダーたちのあいだで使用されることがあったそうだが、牛や羊などの牧畜業においてはまだ敬遠されていた。群れのなかの劣化の割合を可能な限り低く抑えることが、牧畜業では利益を出すうえで重要となるからだ。この繁殖方法は劣化を引き起こす危険が高すぎる。そのためもあってか報告者たちの表現からはある種の驚愕が伝わってくる。

たとえばヤングの言葉はこうだ。ベイクウェルは「クロスブリーディングによる（血の）変化が必要だという古い考えを完全に無視している。反対に、息子が牝親と、牡親が娘と交配し、そして群れ（の血）を変えようという配慮をまったくしていないのに、その子たちもおしなべて良好である」（『農業年鑑』第六巻）。

マーシャルはベイクウェルの種付け用の牡牛がいかにインブリーディングを駆使して造り上げられたかを詳述している。マーシャルがディシュレー農場を訪れたおり、一番の牡牛は「D」と呼ばれる牛だった。この牛はそれ以前に一番の牡牛だった「トゥーペニー」の息子と、その「トゥーペニー」の娘であり、なおかつ妹でもある牝牛との子供だった。「彼女は（トゥーペニーと）トゥーペニー自身の牝親の子供だったのだ」。そしてこの「D」の息子がロングホーンのなかでも一番有名な「シェイクスピア」である。この牛の所有者はベイクウェルではなく、彼と同時代のブリーダーであるロバート・ファウラーになるのだが、その牝親はやはり「トゥーペニー」の娘、つまり「D」の叔母だった。ちなみに「シェイクスピア」は一七九三年に売りに出され、四百ポンドという記録的な売値をつけている。

近親交配は形質として現れにくい劣性遺伝子をホモ結合させることでその形質を顕在化

図6　「シェイクスピア」 Russell, 1986より

させる。つまり親の望ましい形質が優性遺伝子に基づいていようと、劣性遺伝子に基づいていようと、近親交配であれば子のうちに再現させやすい。しかし問題は先天異常といった望ましくない形質である。こうした形質が優性遺伝子に基づいている場合、たいていその個体の血統は自然淘汰されてしまう。したがって実際にはそうした形質は通常劣性遺伝子に基づいているのだが、近親交配はこうした形質も顕在化させてしまうのだ。

もちろんベイクウェルがこうした知識を持ち合わせているわけもない。彼はキャヴェンディッシュと同様、遺伝を決定する物質である「血」に「血」を重ねることで、その遺伝をより確かなものにしようとしたのだ。ただし目的が違う。キャヴェンディッシュの場合、環境の圧倒的な劣化の圧力に抗《あらが》い、「泉の清らかさ」と彼が称するスペインのジャネット種から自分の馬群が遠ざかるのを可能な限りくいとめるための行為だった。それは品種改良と呼ぶにはどこか抽象的で、体液理論を通して観た世界のなかでのみ意味のある目的だった。それに対しベイクウェルの場合、新しい品種の固定化というより具体的な、現代の品種改良と同じ視点からインブリーディングを捉えていた。そこがこの百数十年での技術の進歩を象徴している。

だがベイクウェルのインブリーディングには品種の形質の固定化という以上の目的があったのではないかとも考えられている。「血」を重ねる行為を続け、その濃度を高めていく。もし「血」が遺伝を決定するのであれば、当然その結果より遺伝力の強い「血」が生まれる。そうした「血」を持つ個体は、交配の相方よりも優先的に自分の形質を子に伝える能力があるのではないか。この能力は後に「優性遺伝力《プレポウタンシ》」と呼ばれるようになるのだが、トロウ゠スミスはその実現をベイクウェルのブリーディングの目標の一つに加えている。ベイクウェルが実際それを目標の一つとしていたかは措くとして、前述の「シェイクスピア」はこの能力を体現していたと考えられていた。この牛が儲けた子供についてマーシャルはこう言っているのだ。「シェイクスピアの血を引く牝牛や牝の子牛は一目瞭然である。非常に秀麗な前部、腰の広さ、臀部の形、彼女たちは並外れた正確さでそれらの刻印を受け継いでいる」。この能力は遺伝子の存在が知られた二十世紀に入ってからも実在すると考えられていた。たとえば『家畜のブリーディングと改善』（一九二六年）のなかでヴィクター・A・ライスは「インブリーディングは優性遺伝力を高めると唯一認められている方法である。優性遺伝力は優性遺伝子のホモ接合に依拠している」と言っている。ただし現代ではその存在が遺伝学的に疑問視されているようだ。

「優性遺伝力」はともかくとして、特定の形質を繁殖用の群れのなかに固定化させていく力がインブリーディングにあることは、現代でも科学的に証明されている。圧倒的な環境の力をまえにしたキャヴェンディッシュのインブリーディングにはある種の狂気すら感じられた。だがこの技術はその後も鳥や犬、サラブレッドのブリーディングに受け継がれ、ベイクウェルはそれを初めて家畜のブリーディングに持ち込んだ。遺伝についての現代的な知識がなくとも、彼らは「血」の力への確信と自らの経験に基づき、この技術を確立したのだ。

しかしインブリーディングの劣化への影響にベイクウェルはどう対処したのだろう。ヤングは「その子たちもおしなべて良好である」と言ってはいるが、あの強度のインブリーディングでそんなはずはない。ベイクウェルは例のごとく、この件でも固く口を閉ざしている。

この件について、後世の見解では二つのことが強調されている。まず第一に、ベイクウェルはインブリーディングの過程で生まれた不具合のある個体を徹底的に間引いたはずである。これは口で言うよりもずっと経済的に負担のかかる手段になる。一般の農民がインブリーディングを嫌った理由もそこにある。実際、農業革命の「英雄」であるベイクウェルですら、資金繰りの失敗が原因で、七〇年代の終わりから八〇年代の初めにかけて破産状態に陥り、ディシュレー農場の経営権を一時的に失っているのだ。

ベイクウェルは最終的に、前述の一番弟子、ジョージ・カリーらの助力によりこの苦境から脱するが、それ以降、彼の家畜の種付け料は極端な上昇を見せる。マーシャルによればベイクウェルの一頭の種付け用の牡羊の繁殖期一シーズンの貸出料は、六〇年代の十六シリング（二十シリングで一ポンド）から一七八〇年には十ポンド十シリングに上昇している。それが一七八六年には三百十五ポンドに跳《は》ね上がるのだ。種付け料は一七八八年以降は競《せ》りの形で決定され、この急上昇をさらに後押しするために、サクラの使用などのいかがわしい手段も使われたらしい。ジョージ・カリーが一七八四年に兄に宛てた手紙によれば、ベイクウェルは「年間二千ポンド以上を稼がなければ、利益がまったく出ない」（『マシュー・カリーとジョージ・カリーの旅行記と手紙』）状況だったそうだ。その背景には、強烈なインブリーディングをはじめとした実験的なブリーディングがあった。

後世の研究者が次に強調するのは、後代検定《プロジェニー・テスト》の技術の確立である。簡単に言えば生まれた子供を検査して親の遺伝の力を判断する技術で、アイディア自体はベイクウェル以前から存在していただろう。しかしベイクウェルは種付け用の家畜の貸し出しを通じて生まれた広い人脈を利用し、初めて有意義な規模でこの検定を行ったのだ。もちろんこの検定はインブリーディングの悪影響だけを調査するものではない。しかし第一段階の間引きでベイクウェルの目を逃れた個体の子孫を、ここで特定することも可能だっただろう。ベイクウェルはただインブリーディングを家畜の繁殖の世界に持ち込んだだけでなく、しっかりとした備えも用意した、初めてのブリーダーでもあった。

しかしベイクウェルのインブリーディングに関連して、彼の死後に現れた現象について二つ報告しておく必要がある。一つは社会的な問題である。ヤングやマーシャルによって彼のインブリーディングが喧伝《けんでん》され、しかも彼がその危険性への対処について一言も警告を発しなかったために、安易にこの手法に手を出す農民やブリーダーが増えてしまったのだ。これはベイクウェルほどの能力、才覚、独創性があったからこそ可能な手法だった。農業改良会会長のジョン・シンクレア卿も一八一七年に出版した『農業の規則』のなかでこうした社会の風潮に警鐘を鳴らしている。

もう一つはベイクウェルが造り上げたニュー・レスター種についての劣化の報告である。こうした報告のなかには生前のベイクウェルの敵対者からのものもあるので、すべてを安易に信じるわけにはいかないが、しかしなかには、虚弱である、生殖能力に問題があるといったインブリーディングの悪影響を思わせるものもある。あるいはベイクウェルほどの能力と備えをもってしても、インブリーディングは手に余る技術だったのかもしれない。

6 ロングホーン

ニュー・レスター種の登場は二百年以上続いてきた羊の巨大化に終止符を打った。リンカンシャのブリーダーたちはベイクウェルの「リンカンシャの羊」をこぞって逆輸入した。リンカン種も究極の羊であるティーズウォーター種も、ベイクウェルの羊と掛け合わされて、その巨体を失っていく。さらに他の「パスチャ・シープ」についても、成熟年齢を早め、骨を細くするための品種改良に、ニュー・レスター種は利用された。

それだけではない。ニュー・レスター種はイギリス国内にとどまらず、ヨーロッパ諸国やアメリカにも輸出され、一番弟子のジョージ・カリーはこの羊を素材としてボーダー・

レスター種という新しい品種を生み出した。ニュー・レスター種はイギリスの他の「パスチャ・シープ」を一掃することこそなかったが、その「血」の拡散はまさに爆発的と言ってよかった。

しかし牛についてはベイクウェルはそこまでの成功を収めることはできなかった。いやむしろ、ブリーダーの成功を「血」の拡散で測るとすれば、失敗したと言っていい。だがその失敗の理由はベイクウェルの品種改良の思想や技術にあるのではなく、時代の潮流を読み損ねたことにあった。

イングランドの牛の種類を初めて網羅的に紹介したのは、羊の場合と同様、ジャーヴェイス・マーカムの『安くて素晴らしい農業』（一六三一年）になる。それからおよそ百五十年、ヤングやマーシャルが登場するまで、同様の資料は存在しない。

マーカムによればば当時イングランドには三種類の牛がいた。まずは今まで何度か言及した角の長い黒い牛、すなわち後にロングホーンと呼ばれるようになる牛である。次には後にロングホーンに対してショートホーンと呼ばれるようになるリンカンシャの巨牛、これは短い角と白地に他の色の斑紋が特徴だった。そして姿かたちはリンカンシャの牛と似ているが、色が赤茶のサマセットの牛がいた。実際にはこれ以外に、小型のノーフォークの牛と角のないサフォークの牛がいたはずだが、マーカムはこの二種類には触れていない。

これらの牛はいずれもそれぞれの地域において重要な役割を果たしてきたが、そうした特定の地域から環境の壁を越えて広がり、「イングランドの牛」と呼べるほどの地位を初めて確立したのがロングホーンだった。ベイクウェルはこの牛を自分の品種改良の土台として選択する。ベイクウェルの牛の業績への後世の評価が羊に比べて低い理由は、その「血」の普及に最終的に失敗したという件を除けば、彼の牛の改善が先達たちの改善の延長線上にあることにある。ニュー・レスター種は時代の潮流とは異なる思想に基づき、彼が一から造り上げた羊だった。しかしロングホーンの改善ははるか以前から始まっていた。

ロングホーンはもともとイングランド、スコットランド、ウェイルズの西岸全域とアイルランドでの生息が確認されており、その祖先はおそらく紀元前三千年紀から紀元前千年紀にかけて、あるいはそれ以上古い時代にブリテン島に入植した民族によって持ち込まれたのではないかと推測されている。以来この牛はそれぞれの地域で亜種に分化する。ベイクウェルが選択することになるロングホーンは、そのなかでもランカシャを中心としたイングランド北西部のそれである。

第三章ですでに、ランカシャの農民たちが十七世紀にこの牛に施した改善については触れている。彼らはこの牛の生殖年齢を早めたのだ。彼らがそのさい品種改良の技術を利用していたかは不明だが、その目的ははっきりしている。若すぎる牛の交配は虚弱な子をもたらすという体液理論由来の常識に臆することなく、若い牛の旺盛な性欲を繁殖に利用したのである。

それまでなら種牛として利用されるのは一般に四歳以上の牡牛だった。しかし彼らは一頭で種付けできる牝牛の頭数を増やすために、精力のありあまる一歳の牡牛を利用した。そのためにその牡牛に施された改善が飼料の栄養価を高めることを中心としたものだったことは、すでに説明してある。意図的な品種改良の有無は分からないものの、こうした飼育方針を何世代にもわたって続けたことが、結果的にセレクティヴ・ブリーディングに近い効果をもたらし、群れ全体の成熟年齢まで早めていったのではないかと、『似たものが似たものを産む』のニコラス・ラッセルは考えている。

ただし、ランカシャの農民たちの生業は肉牛の生産ではなく酪農だった。ロングホーンは体格の大きいショートホーンに比べて、搾乳できるミルクの量は劣るが、質では圧倒していたのだ。チーズやバターを作るにはうってつけの脂質の高いミルクを産出したのである。だが同時に少ない飼料で太らせることもできたため、ランカシャと肉の最大の消費地であるロンドンとの中間地点にあるミッドランドのグレイジアーのあいだでも人気が高かった。十八世紀初頭のキャプテン・テイトの例を見るまでもなく、ミッドランドのグレイジアーたちがランカシャのロングホーンの繁殖に挑戦するのは、いわば自然の成り行きだった。そして本来乳牛として利用されていたランカシャのロングホーンの肉牛としての改善を開始したのも、おそらくミッドランドのブリーダーである「ウェブスター氏」だった。「ウェブスター氏」についてはすでに触れている。「パスチャ・シープ」でベイクウェルが果たした役割のいくぶんかをロングホーンで果たしたのが、おそらくは彼だったのだろう。この謎の人物のブリーディングについては情報が残っていない。しかしベイクウェルおよび彼に比肩する同時代のミッドランドの牛のブリーダーたち全員が、自分たちの繁殖用の牛の集団を設立するさいに、「ウェブスター氏」の牛を相当数利用しているのだ。このことについてはマーシャルもこう指摘している。「ベイクウェル氏は（「ウェブスター氏」の農場があった）キャンリーの家畜を利用して、牛のブリーダーとして先頭を走っている」。

実際ベイクウェルが最初に造り上げた高名な種牛である前述の「トゥーペニー」の牝親は、「ウェブスター氏」から購入したキャンリーの牝牛だった。前述したとおり、「トゥーペニー」はこのキャンリー出身の牝親と交配し、その結果生まれた娘が「トゥーペニー」の別系統の息子とさらに交わって第三世代の「D」が生まれている。「D」に流れる「ウェブスター氏」の牛の「血」の濃さは明らかだ。

さらに前述したとおり、この「D」が「トゥーペニー」の別の娘と交配してロバート・ファウラー所有の「シェイクスピア」が生まれるわけだが、マーシャルは同時にこの娘が

「キャンリー・ブラッドの牝牛」だとも説明している。おそらくは「トゥーペニー」が「ウェブスター氏」の牝牛とのあいだに儲けたのだろう。だとすれば史上最高のロングホーンとされる「シェイクスピア」に流れる「ウェブスター氏」の牛の「血」の濃さも相当なものになる。ちなみにマーシャルは「シェイクスピア」を擁したロバート・ファウラーの牛の群れに、ベイクウェルを差し置き「現時点で一番の評価」を下しているが、そのファウラーの群れの設立の母体となったのも、「ウェブスター氏」から購入した牝牛たちだった。

ベイクウェルらミッドランドのブリーダーたちが牛に施した改善は、羊であるニュー・レスター種のそれと同じものだった。つまり成熟する年齢を早め、肉を前部の上半部から後部の上半部へと移動し、食べられない箇所の割合を減らし、骨を細くして効率よく肉がつく肉体を実現しようとしたのだ。長年犂を曳く役割を果たしてきた牛たちは前部ががたくましい体つきをしていたため、この改善が肉体にもたらした外見上の変化は羊の場合よりも大きかったかもしれない。そしてそのためにセレクティヴ・ブリーディングとインブリーディングを駆使したのである。その工程のなかで「ウェブスター氏」の「キャンリー・ブラッド」をここまで利用したということは、その牛たちがこの目標のある程度を体現していたからだと見て間違いないだろう。ベイクウェルたちが行ったことは、ランカシャの農民たちが始め、「ウェブスター氏」が食肉生産に向けて方向を定めたロングホーンの改善を完成させることだったのである。

しかしグレイジアーの視点だけから牛の改善を見据えていたベイクウェルらミッドランドの牛のブリーダーたちは、牛については時代の潮流を読み損ねてしまった。彼らがロングホーンを選択したのは歴史的な背景ばかりが理由ではなく、少ない飼料で太らせることができるからだ。だが農業革命の進展は、栄養価の高い飼料を豊富にもたらした。そのためロングホーンが持つこの強みは、絶対的なものとは言えなくなってしまったのだ。ベイクウェルの死後ロングホーンの人気は急速に失われてしまう。そして代わりに「イングランドの牛」の座を占めることになるのがショートホーンだった。

7 ショートホーン

ショートホーンはもともとはネーデルランド（現在のオランダ、ベルギー、ルクセンブルク）から輸入された牛が地元の牛と交わったものだった。十六世紀半ば、この地域を支配していた旧教国のスペイン王国によるネーデルランドの宗教弾圧が始まる。新教徒たちは難を逃れて新教国になっていたイングランドの東部に大量に流入、入植した。おそらく彼らが輸入を始めたのだろう。マーカムの時代には東部にあるリンカンシャがショートホーンの拠点となり、以来百五十年、ネーデルランドからの輸入が続いたのだ。「ショートホーン」と一言で言っているが、実際には時代ごとに輸入された種類が異なり、ヤングやマーシャルの時代にはイングランドの東岸全域で、さまざまなタイプの「ショートホーン」が飼育されるようになっていた。

さまざまなタイプがあったものの、共通した特徴はとにかく巨体だったということだ。トロウ＝スミスによれば、肉牛として飼育されたロングホーンは一般に九百ポンド（約四百九キログラム）程度で、千三百五十ポンド（約六百十三キログラム）に到達するものは稀だったという。ショートホーンなら大きなものは千六百八十ポンド（約七百六十三キログラム）、記録的なものになると二千五百ポンド（千百三十五キログラム）前後のものもいた。

肉喰らいの時代にこの巨体のショートホーンをミッドランドのグレイジアーが選択しなかった理由は、とにかく大喰らいで牧草の肉への変換効率が悪かったためだ。しかし農業革命の進展により飼料が充実したため、ショートホーンのこの一番の欠点が以前ほど問題視されなくなった。そうなればやはりこの巨体は魅力である。十九世紀に入るころには、農業革命の進展とともに、ショートホーンはイングランド各地でロングホーンを駆逐していくことになる。

したがってロングホーンの最高峰である「シェイクスピア」の「血」でさえ、後世のイングランドに影響を残すことができなかった。その意味ではベイクウェルらの努力はほとんど無駄に終わったわけだ。時代の潮流を見極めきれず、ショートホーンを改良の土台に選択し損ねたこと、これがベイクウェルらの失敗の最大の理由である。

実際、「最大の羊」であるリンカン種にしたことと同じ改善を、ベイクウェルはショートホーンにすればよかったのだ。体格の大きさを少々犠牲にして、飼料の肉への変換効率を上げる。ニュー・レスター種は「最大の羊」ではなかったが「パスチャ・シープ」として十分な巨体を持ち、そのうえで変換効率も高い。同じ改善をショートホーンを土台に実現していれば、ベイクウェルは牛のブリーディングにおいても羊に匹敵する成功を収めることができただろう。そのことは歴史が証明している。ベイクウェルの弟子がその改善をショートホーンに実践したのである。

ベイクウェルの弟子はすでに紹介しているジョージ・カリーだけではない。ベイクウェルは後進の育成にも熱心だった。ディシュレー農場はブリーダーを志望する若者たちに品種改良の教育も提供していたのだ。このことも、ベイクウェルの財政が七〇年代終わりに悪化した原因の一つだとされている。そのためイギリス全土から、いやそれどころか海外

から も、この技術の奥義《おうぎ》を求めて若者が集まってきた。たとえばロシア帝国は女帝エカチェリーナ二世の愛人であり寵臣《ちょうしん》でもあるグレゴリー・ポチョムキンの肝いりで、若者二名をこの農場に送り込んでいた。

そうした弟子たちのなかに、チャールズ・コリングというイングランド北東部のダラム州の若者がいた。彼は一七八二年、三週間ではあるがディシュレー農場にとどまり、教えを受けている。そして後に兄のロバート・コリングとともに、ディシュレー方式の改善をショートホーンを素材に開始した。ショートホーンにセレクティヴ・ブリーディングでベイクウェルのロングホーンと同じ形質を与え、そして徹底したインブリーディングでその形質を固定化したのである。たとえば弟のチャールズの種牛である「フェイバリット」は、自分の娘たちと六世代にわたって交配しつづけたそうだ。

十九世紀に入ると、コリンズ兄弟の改善の成果がイギリス国内で知られるようになる。皮肉なことに、弟子によって改善されたショートホーンは師匠のロングホーンの衰退を早めることになった。しかしベイクウェルのロングホーンの「血」は途絶えたものの、その思想はショートホーンとともに生きつづけたのだ。その後コリンズ兄弟の改善した牛の血統の人気は実に二十世紀半ばまで続き、イギリス国内だけでなく全世界に広がっていくことになる。

8　ベイクウェルの自由主義

ニュー・レスター種を「亀のような形」と評したジョン・ローレンスが『一七九七年度版死亡者記事年報』のなかで、「ロバート・ベイクウェル」の伝記記事を執筆している。そのなかでローレンスは故人の政治姿勢をこう評価した。「この階級の人間があまたの深遠な政治的思索を行うなどとは予期できないことだろうが、その精神に生来備わった知力と啓発的な賢明さのおかげで、彼は詭弁《きべん》を弄した宗教的、政治的妄信を超越していた。そしてベイクウェルは自由のもっとも熱烈な支持者、もっとも断固たる擁護者として生き、そして死んだのである」。

これはけっして死者に花を手向《たむ》けるためだけの言葉ではない。ローレンスはこの同じ記事で、ベイクウェルが種付け料を吊り上げるためにいかがわしい手段を講じていたことを告発している。ベイクウェルの功罪を、彼なりの視点でしっかりと評価しているのだ。

ベイクウェルはまた、イギリス人でありながら、つい数年前にアメリカ合衆国をイギリスからの独立へと導いたジョージ・ワシントンに好意を抱いていた。一七八七年に一番弟子のジョージ・カリーに宛てた手紙のなかで、彼はこう言っている。「私はあの偉大で素晴らしい人物であるワシントン将軍から農業用具数点の注文を受けた。来週にはそれを発送するつもりだ。私が将軍から注文を受けたというのは言いすぎた。この注文はバースのレイク氏から受けたものだ。しかし使うのは将軍である。私としては失礼を顧みず、将軍に手紙を書き、彼が注文したもの以外で彼の目的にかないそうなものを推薦してみようと思っている」（H・C・ボーソン『ロバート・ベイクウェル』）。

ベイクウェルの政治的な自由主義の背景には切実な理由があった。ベイクウェルは非国教徒のなかでももっとも差別を受けたユニテリアン派の信徒だったのだ。十七世紀半ばにイギリスで生まれたこの新教の一派は、キリスト教の根幹とも言える三位一体説を否定した。非国教徒への差別待遇は一六八九年に制定された寛容法によりある程度緩和されるが、ユニテリアン派だけは三位一体説の否定が理由で、カトリック信者、ユダヤ教徒とともにこの法令の対象から除外されていたのだ。ベイクウェル家は二代目、三代目ロバート・ベイクウェル、そしてベイクウェルの後を継ぐことになる甥のロバート・ハニーボーンの三代にわたって、近隣のユニテリアン派の信徒団のなかで中核的な役割を果たしていた。独立革命で信仰の自由を実現したアメリカ合衆国の初代大統領であるジョージ・ワシントンへの好意も、けっして徒《あだ》なものではない。

ベイクウェルの政治における自由主義が、どの程度彼のブリーディングの戦略と関わっていたかを評価することは簡単なことではない。しかし政治のことは別にしても、品種改良において、彼は新しいものを生み出すためにさまざまな形で従来の慣習や常識を覆してきた。まずは長年続いてきた羊の巨大化の潮流に抗い、まったく新しい思想に基づきニュー・レスター種を造り上げ、その潮流自体を終結させてしまった。リンカン種にしろティーズウォーター種にしろ、その後ニュー・レスター種との掛け合わせが進み、むしろ小型化していく。

また農業領域にインブリーディングを持ち込みもした。群れのなかでの劣化の割合をできるだけ抑えることが利益を追求するうえで重要になる牧畜業においては、インブリーディングは長年敬遠されてきた手法だった。さらに彼は種付け料という仕組みをミッドランドのブリーダーたちのあいだに導入した。ウィリアム・マーシャルによれば、この仕組みを作り上げたのはリンカンシャ・ウォルドの羊のブリーダーたちだったのだが、これを世間に広めたのは彼である。

しかしブリーディングにおけるベイクウェルの自由主義的な態度がもっとも色濃く表れるのは、彼の血統に対する姿勢においてだろう。一七八九年、ジョージ・カリーに宛てた手紙のなかで彼は血統についてこう語っている。「数日前ウェイルズの新聞である広告を見た。一番の種馬を出品したものに二十ギニー（一ギニーは一・〇五ポンド）の報奨金を出すというのだ。サフォーク種（小型の農耕馬）から優先的に選出されるそうだが、その種馬がその品種だと示す証明書も提出しなければならない。この広告はたしかに海峡の向こう側（アイルランド）で作られたものに違いない。でなければどうして姿かたちや動きよりも血を優先させようというのか」（『ロバート・ベイクウェル』）。いかにもイングランド人らしいアイルランドを小馬鹿にした表現である。続けて彼は、ながながと理想とする馬の身体上の形質について論じている。

第四章で前述したことだが、ブリーディングで血統がいち早く重視されるようになった畜類は、上流階級との関係が深い馬と犬になる。その背景に、ジャーヴェイス・マーカムが露骨に示した階級意識があるのは、想像に難くない。しかしそのことに加えて、歴史上、馬のブリーディングには特殊な事情があった。彼らはサラブレッドを生み出そうとして生み出したわけではないのだ。彼らが目標としたのは、十七世紀終わりに血統が重視されはじめた時代においてすら、南方の良馬である「バルブ」、「ターク」、「アラブ」の、いわば古くからある「血」のイギリスでの再現であり、そうした努力の集積がたまたまサラブレッドという新しい品種の誕生につながったにすぎない。古くからある「血」へのこだわりが、極端な血統主義へとつながったのだろう。

しかしベイクウェルの場合は違った。彼は羊にしろ、牛にしろ、本書では取り上げなかった農耕馬や豚にしろ、意図して新しい「血」の創造を目指したのだ。そこが馬のブリーダーたちとは完全に違う。

もちろんベイクウェルが血統それ自体を軽視していたというわけではない。「血」の力で家畜を改善していく以上、血統を無視することなどできない。マーシャルがベイクウェルのロングホーンの血筋についてあれほど詳しく報告できたのも、ベイクウェルが個人的に血統の記録を取っていたことの証だろう。そしてなにより、彼が実用化した後代検定を十全に機能させるには、詳細な血統の記録がなければならない。

要はどこに重点が置かれたかの問題である。その個体の資質には見るべきものがないのに、ただ祖先に素晴らしい馬がいたという理由だけでその馬をブリーディングで重視する（これこそ貴族たちの多くが求めていた態度だろう）といった、サラブレッドのブリーディングでよく見かけた態度とは、ベイクウェルは明らかに一線を画していた。新しい「血」を創造するために、まだ現実世界に存在しない自分の理想のイメージを実現するために、彼は「血」の力を利用した。そのためにはその個体の「姿かたちや動き」こそが「血」より優先されるべきものだったのだ。

そしてこれはベイクウェル一人に限ったことではない。ベイクウェルより先にティーズウォーター種を造り上げたティーズデイルのブリーダーたち、サウス・ダウン種を改良し、良質な羊毛を維持しながらその巨大化に成功したジョン・エルマン、ベイクウェルの一番弟子であり、ニュー・レスター種からボーダー・レスター種を創り出したジョージ・カリー、あるいはベイクウェルと同時代のミッドランドのブリーダーたちや、ショートホーンを改善したコリング兄弟。さらに加えるとすれば、「パスチャ・シープ」を今まで以上に巨大化させようとした、キャプテン・テイトのような無数のブリーダーたちがいる。

彼らはベイクウェルと同様、新しい「血」の創造を目指してきたのだ。彼らがその職域で示してきた革新的な姿勢は、まさしく時代のエトスであった改善の精神に相応しいものだった。やがては農業領域においても畜類の血統書が重視されるようになる。しかしそれはベイクウェルの死後のことである。

9　「英雄」の墓

一七八八年二月の終わり、ベイクウェルはロンドンにいた。自分が造り上げた農耕馬の種馬の広報活動が目的だったようだ。その噂は宮廷にまで届き、時の国王ジョージ三世の興味を引いた。王はこの農夫とその馬を直接見たいと宣《のたま》った。

謁見の日時は定かではない。しかし同年三月十日にベイクウェルがアーサー・ヤングに宛てた手紙に謁見の様子が報告されている。ベイクウェルとその馬は「陛下と皇太子殿下（のちのジョージ四世）、その他の偉大な方々」の謁見を賜《たまわ》り、ベイクウェルは「ブリーディングの問題について陛下と一時間近く言葉を交わし、陛下はその話にいたくご満足のご様子だった。そして私の言葉にとても熱心に耳を傾けておいでだった」（H・C・ポーソン『ロバート・ベイクウェル』）。

ベイクウェルのこのやや興奮気味の言葉も、あながち彼の思い込みというわけではない。時代は農業革命の最中だった。同時に進行していた産業革命に必要な都市部の労働力の増加を食料供給のうえで支えるためにも、農業革命は不可欠なものだった。そのため農業は今よりもずっとファッショナブルなものだったのだ。ベッドフォード公爵をはじめ、名だたる大貴族がこの革命に身を投じていた。

そしてアメリカ植民地の喪失や精神疾患など、なにかと芳《かんば》しくない世評で有名なジョージ三世も、産業革命と農業革命の時代の国王に相応しく、科学や農業の教育も受けていた。とくに農業に関しては、「農夫ジョージ」、「農夫王」の異名を持つ。それも伊達《だて》ではないのだ。農業書を研究し、ウィンザーには農場を所有、キュー・ガーデンでは今までも何度か触れてきたスペインのメリノ種を飼育していた。しかもアーサー・ヤングが主管する

『農業年鑑』にも、「ラルフ・ロビンソン」というウィンザーの王の牧夫の名を借りて何度も執筆している。

王はこの謁見以前からベイクウェルの名を知っていたはずだ。ベイクウェルの話に王が示した興味もたしかに本心からのものだっただろう。そもそもこの謁見自体が、馬よりもベイクウェルに関心があってのことだったに違いない。ともかくベイクウェルはそのブリーディングの技術と名声によって、国王の謁見を賜ったブリーダーとなったのだ。農業革命の時代に「農夫王」に謁見する稀代のブリーダー、いささかパストラル（田園詩）を連想させるイメージだが、後世の歴史家が革命の「英雄」に仕立て上げたのも無理はない。

しかし彼がまさに「英雄」に仕立て上げられつつあったとき、実は彼の墓は行方が分からなくなっていた。あれだけ畜類のブリーディングに専心したベイクウェルは、あるいはだからこそかもしれないが、自分の「血」の拡散には興味がなかったようだ。結婚それ自体をしなかったのだ。そのため、墓を管理する家系が途絶えてしまったのである。

一七九五年十月一日、ベイクウェルは永眠する。直後に『ジェントルマンズ・マガジン』に掲載された記事によれば、「長期にわたる病苦の末に」亡くなったそうだ。その苦しみに「彼はその人柄の特徴でもあった達観した気丈さをもって耐えたのだ」。享年、七十歳だった。ディシュレー農場と彼の家畜たちは彼のもとで経理を担当していた甥のロバ

図7　ベイクウェルの墓　Pawson, 1957より

ート・ハニーボーンに引き継がれる。しかしその後それらの情報は、彼の墓ともども歴史の闇に消える。

「英雄」の墓が発見されたのは一九一九年、第一次世界大戦が終結した翌年のことだった。戦時捕虜となったドイツ兵数名がディシュレーにあった廃屋の清掃作業に駆り出されたのがきっかけだった。その廃屋はもともとは「ディシュレー教会」という教会で、牧師も不在のまま長年打ち捨てられていたのだ。屋根は当然のこと、壁も多くが崩れ落ち、床は石積みの破片と瓦礫で覆われていた。それらを撤去すると、内陣の床から平らな石板からなる墓石が現れたのだ（図7）。それがベイクウェルの永眠した場所だった。

墓石はひどく割れていたが、碑文は読み取ることができた。この墓にはベイクウェル以外に以下の人々が埋葬されていた。まずは先々代と先代のロバート・ベイクウェル。そしてそれぞれの妻たち。ベイクウェルの二年前に亡くなった未婚の妹のハンナ。彼女は留守がちなベイクウェルに代わって家の切り盛りを担当し、海外からの来客も含めて、人の出入りの絶えないディシュレー農場にはなくてはならない存在だった。碑文によれば、ベイクウェルの後を継いだロバート・ハニーボーンは一八一六年に亡くなっていた。その後ディシュレー農場を引き継いだものはいない。

第七章　人間改良の思想

1　遺伝の神秘の第一人者

一七八四年に出版された『アメリカン・ステイツの通商の観察』が、アメリカ独立革命直前の一七七一年から一七七三年までの三年間で、アメリカ植民地が海外市場に輸出した塩ダラの取引量を報告している。南欧市場には十万二千六百一キンタル（一キンタルは百ポンド）、西インド諸島には二十四万一千九百八十七キンタル、ところがイギリス本国およびアイルランドにはわずか七百六キンタルである。南欧や西インド諸島と比較すれば、ほとんど皆無と言っていい。

「魚の日」が廃れたことが原因でイングランド東海岸の漁業が衰退していくなか、ブリストルを中心とした西海岸の漁港は新大陸でのタラの遠洋漁業に活路を見出す。はじめはカナダ東岸部にあるニューファンドランド島近海が彼らの縄張りだったが、やがてその南部にあるニューイングランドの沿岸部も有力なタラの漁場であることが発見される。ニューイングランドの入植が経済的に可能だったのも、この豊富なタラのおかげであった。

しかしイングランドの漁民もニューイングランドの漁民も、彼らの競争相手であったスペインやポルトガルやフランスの漁民たちとは違って、母国に大きなタラ市場を持ち合わせていなかった。スペインやポルトガルは旧教国であり、フランスにも十分な数のカトリック信者がいた。ここがイギリス政府の新大陸の植民地経営における最大の弱点だっただろう。漁民たちは旧教国である南欧や、砂糖農園の黒人奴隷のための安価な食料を求める西インド諸島に自力で販路を切り開くしかなかった。そしてイギリス政府は、植民地の漁民たちに政治的な影響力を行使する手段として、内需を利用することができなかった。

逆に言えば、だからこそ長年イギリスの肉の需要は高い水準で支えられてきたわけだが、この構図はアメリカ独立革命の直前、産業革命で都市部の工場労働者人口が増大しはじめ、安価な蛋白源の需要がさらに高まりはじめた時代においてすら変わらなかったのだ。アメリカ植民地の経済の中心だったニューイングランドは、十八世紀後半においても漁業が経済活動のなかで重要な位置を占めていた。もしイギリスの労働者たちがその胃袋の何割かを魚に割《さ》いてくれていれば、アメリカの歴史は別の道を歩んだかもしれない。

代わりに大肉喰らいのイギリスの胃袋は、スウェーデンの博物学者であるペール・カルムを感嘆させた巨大な食肉生産のシステムを作り上げ、そのシステムのなかで流通する家畜の品種改良の技術を鍛え上げてきた。そして食肉生産の最初の工程を担当するブリーダーと、仕上げの工程を担当するグレイジアーとの分業体制が、栄養価の高い飼料作物の普及によって曖昧になったとき、品種改良の技術をさらに洗練された次元へと押し上げる条件が整ったと言うことができるだろう。ブリーダーが最終的な商品である食肉に対するイメージをしっかりと持ち、そのイメージを改善していく手段として品種改良の戦略を決定していくことができるようになったのだ。これがイギリスを十八世紀に西洋世界で随一の牧畜先進国に押し上げた仕組みだった。

こうして生まれた新しいブリーダーたちのなかで最初に名をなしたのが、グレイジアー出身のロバート・ベイクウェルだった。もちろん彼以前にも、たとえば「ウェブスター氏」やティーズウォーター種を造り上げたブリーダーたちのような、似たような背景を持つ優秀なブリーダーはいただろう。しかし時代の農業技術への関心の高まりが、世間の目を彼に集中させたのだ。その注目のなかには海外からのものもあれば、農業領域以外からのものもあった。彼はその注目のなかで、食肉生産のためにより効率のいい家畜の有様を提示した。しかし彼が証明したのはそればかりではなかった。遺伝についてしっかりとした定説が存在しない時代において、遺伝の真の力と、その力を利用すれば動物の身体や能力をプラスティックのように操作できるという事実まで見せつけたのである。

イギリスが経験したこの食事情の大変革は、後半部はちょうど啓蒙主義の時代と重なっていた。ブリーダーたちはあくまで国内の肉の需要の高まりに応《こた》えていただけなのだが、そうした時代において、当時としては他の追随を許さないほど遺伝の秘密に肉薄した存在となったのだ。十七世紀、十八世紀は、馬や農業領域の畜類の品種改良、そしてそれらに先行して植物の品種改良が大きく発展した時代だった。十九世紀の終わりにメンデルの理論が再発見されるまでは、遺伝は現場の実践が理論を大きく凌いだ領域だったのである。これら動植物の品種改良家たちの業績は、啓蒙時代以降の思想家たちに、生命の理解というより大きな領域で影響を残さずにはいなかった。

本章ではそうした影響のなかの二つに焦点を当てることで、この「肉食革命」の物語を締めくくりたい。今までこの現象を、食肉生産を担当する牧畜業の内側から眺めてきた。しかしこの現象は実際にはずっと広大な分野に関わる現象だったはずである。それに、品種改良家たちの活動自体が、人類の自然界での支配領域を拡大したという意味では、啓蒙主義の時代精神と完全に合致していたと言ってもいいだろう。その二つの影響とは、優生学と進化論への影響である。

2　ネズミほどに頭や脚が小さい羊

家畜の改善者のあいだには、家畜は好きなだけ改良できるという格言があるという。そしてこの格言は、子のなかには親の長所をさらに伸ばすものもいる、という別の格言に基づいている。有名なレスターシャの羊の場合、頭と脚を小さくすることが目標である。右記のブリーディングの格言に従って話が進めば、頭と脚が目に見えないほど小さくなる道理だが、これは至極馬鹿げた話なので、われわれはこう確信するだろう。つまり前提自体が間違っている、実際には限界があるのだが、われわれにはその限界点が見えず、それがどこにあるのか分からないだけだと。羊の場合、改善の最大の到達点、すなわち頭と脚の小型化の限界点を明示することはできないが、これはコンドルセ氏が言う意味での限界がない、あるいは無限であることとは意味が違う。私には今の段階で改善がこれ以上進まない限界点を示すことはできないが、その改善が到達しえない地点なら容易に示すことができる。私は躊躇《ためら》うことなく断言する。ブリーディングを永遠に続けたところで、これらの羊の頭や脚はネズミの頭や脚ほどに小さくなることはけっしてない。

これはトマス・ロバート・マルサスの『人口論』（一七九八年）からの一節である。「人口は制約を受けなければ幾何級数的に増加する。資源は算術的にしか増加しない」という有名な前提のもとに、人口の激増が原因で将来人類社会を大災厄が襲うと予測した書物だが、そこになぜベイクウェルのニュー・レスター種が登場するのだろうか。しかも、どうやらマルサスはベイクウェルを快くは思っていないようだ。

それにしても、この意地の悪い想定の仕方はどうだろうか。ブリーディングの歴史を概観すれば、ベイクウェルの時代にブリーダーたちが「家畜は好きなだけ改良できる」と高らかに宣言したとしても、その気持ちはよく分かる。それ以前の技術とは、明らかに格段の違いがあるからだ。それをマルサスは意地悪くこの言葉を文字どおりの意味で捉え、それなら「ネズミほどに頭や脚が小さい羊」を生み出してみろと言っているのだ。そしてこの意地の悪い想定は、フランスの有名な哲学者であるニコラ・ド・コンドルセに彼が向けた批判と深く結びついているようだ。

この一節の意味、そして『人口論』の趣旨を正しく理解しようと思えば、ブリーディング、およびそれに先行する園芸における品種改良の成果が、この時代の思想家たちのあいだでどのように受容されていったかを理解する必要がある。それは自然界での人類の支配領域を拡大したということで、人類の進歩と改善を確信する勢力にしてみれば、持論の正しさを証明する事例の一つでありえただろう。しかしただ政治的に相性がよかったというだけではないのだ。

この時代の進歩と改善への確信を端的なまでに突き詰めた概念に、「完成可能性《パーフェクティビリティ》」という概念がある。フランスの経済学者でもあり政治家でもあるジャック・テュルゴーが一七五〇年に初めてその概念を唱え、この言葉自体は一七五五年にジャン＝ジャック・ルソーが『人間不平等起源論』のなかで使って有名になった。

簡単に説明すればこれは人類が持つとされる能力の一つで、この能力を解放するには一般に教育や環境を改善していくことが必要になる。しかしその条件が満たされれば、人類社会は道徳的にも能力的にも永遠に、あるいは論者が夢想する人類の「完成《パーフェクション》」なる限界点に向かって継続的に成長していくという。コンドルセはこの概念の主要な唱道者の一人だった。他の有名な論者には、十八世紀であれば、酸素を発見した化学者であり、ベイクウェルと同じユニテリアン派の神学者でもあるジョセフ・プリーストリ、無政府主義者でやはり非国教徒（元カルヴァン派）のウィリアム・ゴドウィンらがいる。

この概念の論者の共通点は、この能力が解放されればとにかく人類は途方もない高みにまで到達すると論じていることだ。プリーストリは「この世界の始まりがいかなるものであれ、終わりはわれわれの現在の想像力の限界を超えるほどに栄光に満ち、楽園的になるだろう」（『政府の第一原理』、一七七一年）と失われた楽園の再生を予期している。

コンドルセにとっては「人間のパーフェクティビリティは無限」（『人間精神進歩の歴史』、一七九五年。訳文は前川貞次のものを用いるが、「パーフェクティビリティ」「パーフェクション」をカタカナ表記としたのは筆者による）だった。人間は不死になることはないかもしれない。しかし人間の平均寿命は「絶えず増大すべきもの」であり、その限界点がどこにあるのか、そもそも限界点自体があるのか分からないという。

ゴドウィンにいたっては、「パーフェクション」という限界点の存在自体を「不合理と矛盾を孕ん」（『政治的正義』第二版「第一篇第五章」、一七九六年）だものとして否定してしまい、人類は永遠に自らを改善しつづけ、やがては不死となると言い切っている。つまり彼らはこの素晴らしい人類の能力を担保にして、だからこそこの能力の解放の障壁となる不自由で不平等な悪環境を改善すべしと訴えているわけだ。

自由主義や平等主義を訴えるものが品種改良の技術を人間にも適用すべしなどと言いだしたら、現代なら耳を疑うことになる。それで人類に改善がもたらされたとしても、その目的のために恋愛や結婚は制約され、しかも繁殖には不適切と判断されたものは間引かれてしまう。しかし現代人の解釈はどうあれ、品種改良の成果が世間の耳目を集めるようになった十八世紀には、そうした見解が散見するようになる。おそらくはこの時代特有の進歩と改善への強烈な欲求や確信が背景にあり、しかも品種改良の成果自体がそうした進歩や改善を示す事例の一つとして好意的に捉えられていたことがあったのだろう。そして「パーフェクティビリティ」の論者たちもその例外ではなかった。

たとえばユニテリアン派のジョセフ・プリーストリは、国教会の教義に基づくイギリスの画一的な教育を嫌い、教育の自由化こそ「パーフェクティビリティ」の引き金だと主張した。そして「教育ともっとも似通った他の技術と教育との類似」を引き合いに出して教育の自由の重要性を説明するのだが、その技術というのが動植物の品種改良だった。

彼にしてみれば品種改良を行った場合のみ、自然の力がもっとも際立つ。しかしそうした成果も、品種改良の専門家たちに「その技術を行使するにあたって、最大級の奔放な空想が許されなければ、ありえなかったことなのだ」。であるならばどうして画一的な教育システムのなかで、「生物のなかでも理性を持った部分が、植物界や動物界が享受する、自らを多様化し、改善していく機会を奪われなければならないのか」。

現代人としては、品種改良を自由主義的な教育のメタファとして利用する感性に困惑を覚えるものの、プリーストリはあくまで教育の自由の必要性を強調する手段として品種改良の専門家が享受する自由を引き合いに出しただけで、その技術を人間に適用せよと言っているわけではない。しかしコンドルセの場合、明らかにその一線を越えてしまう。

彼は「生まれながらの能力と肉体の構造」を遺伝の力を利用して改善しうるかを、品種改良の専門家たちが実証した「植物や動物の種族の器官のパーフェクティビリティ」を引き合いに出して検討している。彼の結論は、「けれども身体的能力、体力、技量、感官の鋭敏性などは、個体的パーフェクションによって遺伝されうる性質の一つに数えられるものであろうか。われわれは、いろいろの種類の家畜を観察した結果、このことを信じざるをえないのである」というものだ。加えて「知能や頭脳の力や情意の力ないしは道徳的感受性」なども身体器官に依拠しているため、遺伝を通して改善することが可能だと考えた。

動植物に「パーフェクティビリティ」という言葉を用いたのはおそらくコンドルセが初めてではないかと思うが、動植物が永続的に品種改良を受け入れる能力のことを言っている。コンドルセはあからさまに品種改良の技術を人間に適用せよと勧めているわけではないにせよ、本来人間だけに使われていた「パーフェクティビリティ」という言葉の使用領域を動植物にまで拡大し、この言葉を品種改良と関連づけてしまった。そして人間の身体的形質、知力や感情、道徳性を改善し、人間の「パーフェクティビリティ」をさらに推し進める手段として品種改良の技術が有効だと主張したのだ。

ウィリアム・ゴドウィンは貴族の血統主義を激しく非難し、そのためもあってか、人間の「パーフェクティビリティ」と動植物の品種改良とのあいだに明確な一線を引いている。彼は品種改良の技術が「人間の場合にも同様に効力があるとなぜ考えないのか」という第三者からの質問という想定で問題提起を行い、それに対してこう答えている。品種改良の個体の性格や適性への効果は、人間の場合「そんなものを物ともしない思考や知識の重要性のなかに飲み込まれてしまう」(『政治的正義』第二版「第一篇第七章」、一七九三年)。

しかしわざわざこうした問題提起を行って、人間の「パーフェクティビリティ」の推進への品種改良の効用を否定する必要をゴドウィンが感じたのも、彼の周囲でそうした議論が珍しくなかったからだろう。「優生学」という言葉が初めて使用されるのは一八八三年、フランシス・ゴルトンの『人間の知性とその発達』においてである。そのためゴルトンは優生学の父として知られている。しかしそれは彼が優生学の有効性を大量のデータに基づいて科学的に立証しようとしたからだ。

優生学的な議論はすでにプラトンの『国家』のなかにある。その影響を受けたルネッサンス期のユートピア文学のなかにもある。しかし品種改良の成果が実際に世間に周知された十八世紀には、空理空論としてではなく、初めて実現可能なものとしてこのテーマが語られるようになる。しかもその可能性を模索したもののなかには、自由主義や平等主義を訴えたものも含まれていたのだ。

いや、むしろ自由主義者だからこそかもしれない。プリーストリやコンドルセの議論は、サラブレッドの血統主義ではなく、農業領域の家畜や園芸でのセレクティヴ・ブリーディングに基づいている。新しい「血」の創造を目指した農業領域のブリーダーたちの自由主義的な傾向についてはすでに触れている。それが人類のことであれ動植物のことであれ、より高い次元の能力を実現するために旧来の「血」から新しい「血」を創造するという発想は、むしろ自由主義に内在する傾向と言えるかもしれない。

マルサスは現代では経済学者として記憶されているが、『人口論』を執筆したおりには国教会の牧師補だった。彼が『人口論』の執筆を思い立ったのは、一七九三年に『政治的正義』の第一版を出版して以来、自由主義陣営のなかで最大の名声を誇っていたウィリアム・ゴドウィンを論駁しようとしてのことだ。『人口論』の主眼は、ゴドウィンとコンドルセの「パーフェクティビリティ」に対する彼の宗教人としての拒絶反応にある。

実際彼は人口が食料生産の限界を超えて増大したおりに起こる大惨事の予測に恐怖していない。いやむしろ、内心それを歓迎している。彼にとってこの大惨事は、神なき人類社会の進歩や改善が永遠ならざることの神聖な保証なのだ。進歩や改善が進めば人口が限界点を超えて上昇し、結局は人類社会は恐ろしい災厄に見舞われ後退する。宗教人である彼にとって人口爆発は、彼の時代には以前ほどの威力を失っていた原罪の概念に変わる、人類社会に刻印された新たな戒めと映っただろう。

冒頭の引用は、「パーフェクティビリティ」という言葉の使用領域を動植物にまで広げ、人類の「パーフェクティビリティ」を推進するうえでの品種改良の効用を肯定したコンドルセにマルサスが論駁した一節からのものである。マルサスには園芸の経験がある。おそらくは遺伝の問題についても、コンドルセよりも実際的な知識はあっただろう。そのため品種改良の技術が人類にある程度の改善をもたらしうることは認めている。「とはいえ血統に配慮することで、人間にも動物の場合と同様、ある程度の改善が実現することはけっして不可能ではないだろう。知力が遺伝するかは疑わしいが、大きさや力、美しさ、顔の色つやや、おそらく寿命ですらある程度は遺伝が可能だ」。

したがってマルサスはコンドルセの優生学的な発想を否定しているわけではない。それが人間であれ、動植物であれ、神の導きもなしに際限なく改善できるという信念と、その信念に基づく自由主義や平等主義が、保守的な国教会の牧師補として許せなかったのである。ベイクウェルがユニテリアン派であり、それゆえに政治的には自由主義者であったことをマルサスが知っていたかどうかは分からない。だが冒頭の引用の底意地の悪い想定を考えれば、ベイクウェルの品種改良における態度に、コンドルセと通じる自由主義的な気質を感じ取っていたのかもしれない。

しかしマルサスは「ネズミほどに頭や脚が小さい羊」は実現が不可能だと断言した。アーサー・ヤングの報告によれば、ベイクウェルは当初、ニュー・レスター種の脚を最終的な姿の半分にまで短くしたそうだ。ところがそれでは子羊への授乳がうまくいかなかったため、脚をふたたび伸ばしたのだ（『イングランド東部への農民の旅行』）。「ネズミほどに頭や脚が小さい羊」の実現が可能かという質問に、ベイクウェルならどう答えたかは分からない。しかしそれで生存と繁殖に有利な環境が存在するのであれば、それは可能になるのではないだろうか。ただしその場合、それを羊と呼んでいいものかという別の問題が生じるが。

3　種の起源

コンドルセの遺伝についての理解は、基本的には古代ギリシアのヒポクラテスと変わらない。先に紹介した引用で、彼は人間の形質が「個体的パーフェクションによって遺伝されうる性質の一つに数えられる」（傍点引用者）と言っている。これはその個体がその形質を「パーフェクション」、つまり限界点まで鍛え上げれば、その状態が遺伝に影響するということだ。ヒポクラテスと同様、形質への後天的な影響が遺伝すると考えているのだ。これでは人間の「パーフェクティビリティ」も倍増しただろうが、逆に言えば環境の身体への影響も増加することになる。

だが重要なのは、マルサスにはいたく不評だったが、「パーフェクティビリティ」という言葉を動植物に用いたことだ。この言葉が持つ人間中心主義的なイメージに隠されて理解しにくいが、これは進化論につながる考えである。生命とは固定したものではなく、たえず流動的に変化しつづけるプラスティックなもので、遺伝の力がこの流動性を生み出し、しかもこの遺伝と流動性の関係が生命に改善をもたらす。コンドルセがここまで考えていたかどうかは分からないが、品種改良を引き合いに出して遺伝の問題を論じながら、この言葉を動植物に用いたのだ。前述したように、この言葉には永遠の改善を受け入れる能力という含意がある。ただしこの言葉の限界は、背景に人間中心主義的な世界観があるため、人間がどれだけ改善されつづけても依然として人間のままだという前提があることだ。羊の場合もまたしかりだろう。

大航海時代以降、活動範囲が拡大した西洋人たちは、彼らにとっては新種になる動植物や鉱物を分類、整理していく必要に迫られた。その結果盛んになった学問領域が自然誌になる。有名な自然誌家としては十七世紀であればイングランドのジョン・レイ、十八世紀ならスウェーデンのリンネやフランスのビュフォン、そして十九世紀に進化論を発表したチャールズ・ダーウィンもこのなかに入る。

しかし動植物の分類は口で言うほど単純な作業ではなかった。とくに彼らを悩ませたのが亜属や亜種といった、特定の属や種と明確な関わりを持ちながらも、なんらかの形質に独特な特性を持つ動植物のグループだった。この亜属や亜種はそれぞれ独立させて属や種に格上げするべきなのか、いやそもそも属や種と独立させるに足るだけの形質上の違いをどう定義すればいいのか。同一品種内の個体差まで含めれば、動植物の世界はさまざまなレベルでヴァリエイションが連続していた。この連続のなかに明確な境界線を引くことは難しい。判断が困難なグループについては、自然誌家によって分類もまちまちだった。

動植物の世界は固定されているようには見えない。分類の枠組みを作り上げるのが困難なほど、ヴァリエイションに満ち溢れている。自然誌家にとっては、このヴァリエイションが存在する理由を理解することが重要な課題だった。品種改良、とくにセレクティヴ・ブリーディングの技術はこの状況の理解に光明をもたらしたのだ。

セレクティヴ・ブリーディングの技術は「自然淘汰《ナチュラル・セレクション》」の仕組みと基本は同じである。ウィリアム・マーシャルはベイクウェルのセレクティヴ・ブリーディングをこう説明している。「偶発的に生まれた優れた変種を丹念に捉え、そうした変種同士を交配させ、さらに優れた個体を、鑑定眼をもって選択しつづける」(『ミッドランド諸州の農村経済』第一巻)。ただ選択《セレクション》をする主体が人間か、それとも自然、つまり特定の環境のなかでの生存競争かの違いと、選択される形質が人間に有用なものか、その生命体の生存に有用なものかの違いがあるだけになる。

もちろんこれは進化論が常識になった現代人だからこそ言えることだ。しかしリンカン種とベイクウェルが造り上げたニュー・レスター種の違いを思い起こしてほしい(一七四頁図5参照)。異品種とのクロスブリーディングの有無は不明だが、しかし基本的にはベイクウェルはセレクティヴ・ブリーディングを用い、「血」の力で一つの品種から(人間にとって)より優秀な別の品種を創造したのだ。セレクティヴ・ブリーディングは実際には相当長い期間を要する自然淘汰の行程の一部を、きわめて短期間に実現する。つまり自然淘汰の仕組みを可視化する効果があったのだ。動植物のヴァリエイションの連続とはこの行程の断片を静止画像で見ることによって生まれる錯覚ではないのか。実際には動植物はたえず改善されつづけるものと理解するべきではないのか。

チャールズ・ダーウィンは『種の起源』(一八五九年)の第一章を「飼育栽培下における変異」と題し、進化論の中核となる自然淘汰説のモデルとして、品種改良による人為淘汰を扱っている。そしてそれ以降の章でも、行程が長期に及ぶためなかなかピンと来ない自然淘汰説に説得力を持たせる手段として、頻繁に人為淘汰を引き合いに出す。「単なる個体差を好きな方向に蓄積するだけで大きな成果を生み出すことが人間にできるのだから、自然にもできないはずがない。しかも、はるかに易々と。なにしろ自然は、膨大な時間を自由に使えるのだ」（渡辺政隆訳『種の起源』第四章）。

しかしダーウィンが第一章で品種改良を扱った理由はもう一つあるに違いない。自然淘汰説で重要な働きをするのが遺伝の力である。個体に生じた変異が遺伝の力で蓄積されるからこそ、自然淘汰が進行する。ところが遺伝はいまだ定説のない未知の領域だった。

ダーウィンは一八六八年に出版した『飼育栽培下における動植物の変異』のなかで、遺伝の仕組みについての持論をパンゲン論と称して開陳している。それを要約すれば、人体の各細胞が「ジェミュール」と呼ばれる粒子を放出している。この粒子はそれを放出したそれぞれの細胞の遺伝情報を有しており、「相応しい養分を与えられると自己分裂して増殖、ついにはそれを放出した細胞と同じような細胞へと成長する」。この「ジェミュール」が生殖細胞に集まり、次世代や、あるいは休眠状態のまままさらに先の世代へと伝えられる。

細胞などといった最新の知識で脚色されているものの、なにやらヒポクラテスの遺伝の理論と似通っている。ヒポクラテスの場合は人体各部の四体液の最上の部分が男女ともに「精子」を形成するというものだった。この最上の部分が遺伝情報を有している。

ヒポクラテスと似通っているというのであれば、後天的に獲得した形質はどうなるのだろうか。パンゲン論はその部分についてもヒポクラテスと同じだった。「変動した状況の直接の影響で引き起こされた変異の場合……、パンゲン論に従えば、体組織は新しい状況に直接の影響を受け、その結果修正されたジェミュールを放出する。そのジェミュールが新たに獲得した特質を子孫に伝えるのだ」。

実際遺伝についてはメンデルの業績が十九世紀の終わりに再発見されるまで、本質的にヒポクラテスを超える理論は生まれなかったのだ。近世以降に限っても、有名なところではパラケルスス、ジョン・レイ、ビュフォン、ハーバート・スペンサーらが似たような論を提示している。コンドルセもおそらくそれに倣《なら》ったのだ。

ヒポクラテスの場合、環境の生命への直接的な影響を強調した体液理論をベースにして遺伝の理論を構築したため、一層環境の影響が遺伝の影響を圧倒した。その破壊力がキャヴェンディッシュを苦しめたのだ。それに比べればダーウィンのパンゲン論では、あそこまでの力を環境が持つことはないかもしれない。しかしそれはあくまで程度の問題だ。

進化論を構想した時点では、ダーウィンはまだパンゲン論には到達していなかった。しかしいずれにせよ、彼は自然淘汰説を構築するために、環境の動植物への直接の影響をそれまで考えられていたよりもずっと弱いものと証明しなければならなかった。しかもそれに相応しい遺伝の理論の助けもなしに。環境の影響力が遺伝の影響力を上回るようでは「進化」など起こらない。起こるのは別環境に動植物を移動させたさいに起こる「変化」だけになる。

少なくともメンデルが登場するまで、遺伝の神秘に一番肉薄したのは学者ではなく農民やブリーダー、園芸家たちだった。彼らこそがヒポクラテスの呪いとでもいうべき環境の圧倒的な力に抗い、「血」の真の力を証明してきた。その彼らの権威をダーウィンは進化論の最重要の論拠として利用したのだ。彼は『種の起源』の第一章のなかで遺伝についてこう言っている。「とにかく、遺伝の傾向が強いことを疑う育種家はいない。同類から同類が生まれるというのが、育種家の基本的な信念なのだ。この原理に疑問を投げかけているのは、理論をもてあそぶ研究者くらいなものだ」。

『種の起源』は環境か遺伝かの長年の抗争にようやく一応の学術的な解決をもたらした。ダーウィンは微細な部分で環境の動植物への直接の影響を否定しなかった。しかし大枠においては、環境を動植物の生存競争のバランスに影響を与える間接的な要因として整理し、遺伝こそ動植物の進化に直接の影響を与える要因としたのだ。農民やブリーダー、園芸家たちの長年の苦労と経験が、ようやく一つの理論として結実したのである。

しかし残念なことに、ここまで品種改良の技術を重視しておきながら、ダーウィンはベイクウェルについていい加減な知識しか持っていなかった。『種の起源』にはベイクウェルへの言及がいくつかあるが、彼のことをセレクティヴ・ブリーディングの技術が確立する以前のブリーダーだと思っていたようだ。

そこで代わりにと言ってはなんだが、ベイクウェルと同時代のスコットランドの自然誌家であるジェイムズ・ハットンを紹介しよう。彼は地質学の基礎を築いた学者として後世に名を残している。しかしあまり知られていないことだが、彼はダーウィンの六十五年前に自然淘汰説を説いている。一七九四年に生涯の研究をまとめて『知と理性の進歩の原理の研究』を出版しているが、その第二巻第三章第十三節でこのテーマを扱っているのだ。

一部分だけ引用しよう。「ある生命体がその暮らしや繁殖にもっとも適合した状況や環境下になかったとしよう。その種の個体のあいだに無限の多様性がある場合、もっとも順応した体質からもっともかけ離れた個体はもっとも死滅する可能性が高い。だが逆に、現在の環境にもっとも適した体質に一番近い個体は存続するのに一番適しているだろう。そうした個体は自分たちを保存し、その系統の個体を増殖させていくのだ」。

この章は十ページほどの短いものだが、前半部で自然淘汰説を論じたあと、後半部でこの真理を利用して成果を上げるブリーダーたちを褒め称えている。短い文章であるため、ハットンがいかにして自然淘汰説に至ったかについては説明されていない。しかし彼は自然誌家であると同時に農民でもあるという変わり種だった。そのため、同時代人であるベイクウェルの業績を農民としていち早く知り、その業績が自然誌の領域においていかなる意味を持ちうるかを理解できたのではないだろうか。

農民でもある彼は続けて『農業の原理』という原稿に着手するが、こちらは出版に至らず一七九七年に他界する。この原稿のなかで、彼はふたたび自然淘汰説とセレクティヴ・ブリーディングの関係を論じている。そのなかに彼のベイクウェルへの評価が、農耕詩的な言説で語られているので紹介したい。

ベイクウェル氏はこの技術（セレクティヴ・ブリーディング）の価値について、同国人の目を見開かせた。そしてその天賦の才を見事に発揮して、属国を王国に加えるという以上の利益をこの国にもたらしたのだ。

4　フランケンシュタインとは誰か

人類の「パーフェクティビリティ」を主張したウィリアム・ゴドウィンの娘が『フラン

ケンシュタイン――あるいは現代のプロメテウス』(一八一八年)を世に送り出したメアリー・シェリーである。彼女は自分の父親の名声に止《とど》めを刺したマルサスの『人口論』を読んでいたのではないだろうか。この作品には優生学的な色彩がある。その出どころは、『人口論』とコンドルセの『人間精神進歩の歴史』のように思えてならない。

　フランケンシュタイン博士は「多くの幸福で優れた天性を持つものたち」の創造主となるために「新しい種」を造ろうとした。その手法は外科手術によるものだが、その発想は完全にセレクティヴ・ブリーディングのそれである。「手足の均整も取れ、顔の造作の一つ一つは美しいものを選択《セレクト》しました。美しいものをです」。博士は「新しい種」の素材を解剖室からかき集め、そのなかから自分の理想のイメージの実現に必要な形質を選択していったのだ。それはベイクウェルらブリーダーたちが交配という手法でまさに行っていたことだった。実際、フランケンシュタイン博士のレベルで生命をプラスティックなものとして扱えたのは、当時の現実の世界ではブリーダーや園芸家をおいて他にはいない。

　しかしメアリー・シェリーがこの作品に描きこんだ品種改良のモチーフはこのことばかりではない。この物語の根幹は、ブリーディングの過程で生まれた間引くべき失敗作の、ブリーダーへの反逆だと言ってもいいほどだ。

　フランケンシュタイン博士が造り上げた怪物は作品のなかで「種《スピーシーズ》」と呼ばれている。

そしてこの「種」はどうやら草食動物らしい。「私の食料は人間のものとは違う。食欲を満たすために子羊や仔山羊を殺したりしない。ドングリやベリーで十分な栄養が取れる」。このことはヴェジタリアニズムと結びつけて論じられることが一般的である。肉食が世俗的な富の象徴であった時代にあって、メアリー・シェリーと彼女の夫であるロマン派詩人のパーシー・ビッシュ・シェリーはピタゴラス式食事法を実践していた。しかし同時にこの「種」が草食であることは、この怪物の正体を理解するヒントともなっている。

フランケンシュタイン博士は自分の「新しい種」を創り出すための素材を仕入れるために、解剖室以外に屠殺場を利用している。そこで手に入るのは当然、ブリーダーたちの手で品種改良されてきた羊や牛だろう。つまり「新しい種」は人間と家畜のハイブリッドなわけだ。怪物の草食という食性を考えれば、おそらく博士は「新しい種」の消化器系統を羊や牛のものに替えてしまっている。

だがブリーダーと間引くべき失敗作との緊張関係が一番はっきりと読み取れるのは、フランケンシュタイン博士がこの「種」の血統を断とうと決意したときだろう。「種」は博士を脅し、あるいは情に絡《から》めて自分の伴侶となる同種をもう一体創造するよう説得する。博士もいったんはその作業に没頭するが、すんでのところでその約束を反故《ほご》にしてしまう。博士が恐れたのは「種」の子孫が繁殖して世に満ちることだった。「あの悪魔が求めてやまない他者からの共感の最初の果実の一つが子供だろう。悪魔の種族が地に繁殖し、人間という種の暮らしを危険で恐怖に満ちたものへと変えてしまう」。

進化論の文脈であればまさに自然淘汰だが、ブリーディングの世界であればこれこそブリーダーにとっての悪夢だろう。繁殖力の強い失敗作を間引き損ねたせいでずっと有用な原種の存続が脅かされる。能力は高くても覚悟のうえでは新米ブリーダーのフランケンシュタイン博士は、物語の後半になってようやく自分のなすべきことに気づいたのだ。

父親のゴドウィンは「パーフェクティビリティ」と品種改良とのあいだに一線を引いた。しかし娘のメアリー・シェリーの場合、父親の時代よりもずっと強い道徳的な要請があった。ロマン派は人の手の入っていない自然を崇拝した。そんな彼らの美意識からすれば、人の都合で姿かたちが歪められた家畜など、自らの存在を呪う「種」の言葉を借りれば「地上の穢れ」以外の何物でもなかった。

その意味では人間と家畜のハイブリッドである「種」が美しくなることなどありえなかったのかもしれない。前時代の自由主義者と品種改良の良好な関係は失われ、品種改良は、政治的には自由主義的なロマン派の攻撃の対象となっていた。メアリー・シェリーはそうした品種改良のなかでも間引きの対象というもっとも救いのない存在を主人公の片割れとしたのだ。

しかしここまで品種改良のモチーフを作品のなかに組み込みながら、メアリー・シェリーはもう一人の主人公をブリーダーではなく若き学者とした。このことこそ『フランケンシュタイン』が語るブリーディングについての最大のことかもしれない。彼女の目には、生命の神秘を探求する主人公にブリーダーは役不足と映ったのだ。

これはなにも彼女一人の偏見というわけではない。品種改良が好意的に見られた前時代においてすら、他の領域で品種改良の専門家の個人名が言及されることはほとんどなかった。あくまで彼らは個性のない集合名詞として扱われた。それは十九世紀の終わりに農業革命の「英雄」に仕立て上げられるベイクウェルにしても同じだった。

コンドルセが優生学的な思索を展開したとき、おそらくベイクウェルのことは念頭にあったはずだ。当時イギリスはその技術の一番の先進国だった。そのなかで一番有名なベイクウェルの業績を紹介したヤングやマーシャルの農業報告書も、すでにフランス語に翻訳されていた。しかしコンドルセはブリーダーの名を誰一人挙げなかった。マルサスなど「レスターシャの羊」という言葉一つで済ましてしまった。時代は下るが、極めつけはダーウィンだろう。あれほどセレクティヴ・ブリーディングを立論のうえで重視しながら、その技術の威力を世間に知らしめたベイクウェルの歴史的役割を知らなかったのだ。『種の起源』の発表はベイクウェルの死から六十四年しかたっていない。だが彼の名はすでに歴史の闇に没しかけていた。

品種改良の専門家はかならずしも農民というわけではない。鳥や犬、観葉植物の品種改良にはさまざまな業種の人間が関わっていた。馬のなかでもサラブレッドのブリーディングについては、たとえ農場経営者であったとしてもかなり裕福な層が行っていた。しかし全体的に見れば、この技術に携わるものの多くが農民だった。品種改良の専門家に対するこの扱いの軽さは、そのことも影響していたかもしれない。ベイクウェルも結局のところ借地農にすぎなかった。

だが一方で、この扱いの軽さこそこの技術の進捗の本質だったのかもしれない。本書で扱ってきた物語は、英雄や天才たちの歴史ではない。食肉の需要の高まりに応えようとしてきた一人一人の実直で勤勉な人々の物語だ。たいていの場合は、彼らは名前すら残していない。ただ羊毛量や家畜の重量の記録の向こうに、その存在がおぼろげに浮かび上がるだけの人々である。彼らは改善の精神をもって、自分たちの仕事に工夫を凝らしてきただろう。しかし一人一人がこの技術の総体にもたらした貢献は、それぞれ微々たるものだったはずだ。

キャヴェンディッシュは記録に残る限り、インブリーディングとグレイド・アップという技術を初めて実施した。しかし彼自身はそれらがいかなる効果を持つかを正しく理解していなかった。その効果を確認したのはおそらく後の世代の名もないブリーダーたちだった。農業領域のブリーダーたちは食事情の大変動に応えるために、羊の巨大化を目指した。しかしその多くはキャプテン・テイトやメイジャー・ハートップ、「クラーク氏」のような、改善の精神は持ち合わせてはいても平凡な市井の人々だった。もちろん「ウェブスター氏」のように、おそらくは突出した能力を持つブリーダーも多くいただろう。しかし彼らも先達が積み重ねてきた技術の総体のうえに立っていた。他と比較すればその総体により多くを貢献しただろうが、革命的な技術の進歩をもたらすなどということはなかったはずだ。

　技術の進歩とはそういうものだし、これはベイクウェルについても同じことが言える。彼がブリーダーとして突出した能力を持っていたことに疑いはないが、純粋に技術的な側面だけを見れば、彼のこの総体への貢献は後代検定の確立とそれをインブリーディングと組み合わせたことだけだ。農業領域にインブリーディングを初めて持ち込みはしたが、この技術は鳥や犬やサラブレッドのブリーダーたちがすでに確立していた。セレクティヴ・ブリーディングについても、彼はそれで実現する目標を変えただけだ。その目標自体は他と比較すれば独創的で、挑戦的だったかもしれないが、そこにもランカシャの酪農家や「ウェブスター氏」の影響があった。

したがって品種改良の専門家たちが集合名詞として扱われるのはやむを得ない。しかし彼らの本領は彼らが受け継いできたその技術の総体にある。この総体の蓄積の近代における始まりが十七世紀の初めだとすれば、ベイクウェルがブリーダーとして名を成すまでに百五十年強、その間彼らは遺伝の理論について考察する学者たちからほとんど顧みられることはなかった。いや、そのことがかえってよかったのだろう。彼らは学者たちの奇妙な理論に惑わされることなく、受け継いできたものと自分たち自身の経験だけを頼りに、「血」の力への確信を深めていくことができた。そしてこの技術と知識の総体こそが、ヒポクラテスのかけた呪いを打ち砕いたのだ。

なるほどメアリー・シェリーの目から見れば、生命の秘密の探究者としてはブリーダーは学者よりも役不足かもしれない。そして多くの読者が彼女の判断を支持しただろう。しかしこと遺伝の問題に関しては、彼女の時代、この取るに足らない普通の人々がダーウィンを含めた偉大な学者たちを凌駕した。そのことはダーウィン自身がもっともよく理解していたことでもあったのだ。

あとがき

「あとがき」も言い訳から始めよう。

本書ではイングランドの食肉生産の歴史を扱ったが、家禽類や狩猟の獲物類については、紙面の関係上、そうそうに諦めるしかなかった。食肉生産において豚が果たした役割は大きいが、中世後期から近代にいたるまで養豚の重要度が低下したため、これも割愛することとした。牛についてはある程度紙面を割いたが、これもロバート・ベイクウェルと関連する部分に限ったため、羊と比べればその内容が量的にバランスを欠くものになってしまったきらいがある。

それでは羊については十分描き切れたかというと、じつはそうでもない。羊毛業における羊のタイプや歴史については、もとよりテーマから外れるので除外した。しかし羊が一度に出産する子羊の頭数の問題については、肉食生産と大きく関わる問題であるにもかかわらず、扱うことができなかった。この問題についてサミュエル・ハートリブが剽窃したとされる『彼の遺言、あるいはブラバントとフランダースで用いられる農業論詳細』(一六五一年)は、先進的なネーデルランドでは、一度に複数頭の子羊を産む牝の割合が多いことを報告している。一方、食肉生産よりも羊毛生産が重視された中世イングランドの牧羊業では、飼育が容易という理由から、逆に子を一頭しか産まない牝羊のほうが好まれていたのだ。

したがって羊が一度に産む子羊の頭数の変化の背景には、食肉の需要の高まりと、そして当然品種改良がある。たとえば羊の巨大化ということでは究極の羊であるティーズウォーター種には、その巨体以外に一度に子を複数頭産む頻度が高いという特徴もあったようだ。

本書でこの問題を扱うことを避けた理由は、食肉生産の近代化を一つの物語として解説していくうえで、ロバート・ベイクウェルという特異なブリーダーを軸として利用したことにある。本書はベイクウェルの新しさを読者に理解していただくために必要な歴史の流れを中心に語っている。それは牛についても同じことなのだが、それでもバランスを欠いたように見えるのは、それだけ羊のブリーディングにおいてベイクウェルが果たした役割が大きかったことの表れだろう。そしてベイクウェルのニュー・レスター種は、一度の出産で産む子羊の頭数については、突出して数が多いというような特徴はなかった。そのため、この問題を物語のなかに組み込むことができなかったのだ。

本書で語りきれなかったもう一つの問題がある。その後のニュー・レスター種の運命である。牛の場合とは違って、ニュー・レスター種はイギリス全土のみならず、海外の羊にまで影響を与えた。しかし十九世紀が進むにつれて、その影響力は低下していく。ニュー・レスター種に代わる「パスチャ・シープ」が生み出されたわけではない。「パスチャ・シープ」そのものの時代が終焉を迎えたのだ。

ベイクウェルは巨体よりも効率性を重視してニュー・レスター種を造り上げた。「パスチャ・シープ」として恥ずかしくないだけの巨体を維持しながらも、従来なら三年、四年はかかる成熟までの期間を、二年にまで切り詰めたのだ。しかし食肉生産の効率性を追求するのであれば、なにも「パスチャ・シープ」に拘《こだわ》る必要はない。一年で成熟する小型の羊を回転させていったほうが、より牧草の消費効率がいい。しかも大味な「パスチャ・シープ」よりも、そちらのほうが肉質もいい。

結局のところ、「パスチャ・シープ」は肉と羊毛という二つの目的を追いかけた羊だった。近代化の特徴の一つを目的の特化にあると考えれば、「パスチャ・シープ」は十九世紀には前時代の遺物となってしまった。ニュー・レスター種は他の「パスチャ・シープ」と比較すれば、羊毛よりも食肉に重点をシフトさせた羊ではあったが、それでもまだそのシフトが中途半端だったわけだ。羊の品種改良に食肉の生産効率という視点を持ち込み、羊の巨大化を終結させせたベイクウェルにも、自分のそうした態度の理論的帰結が「パスチャ・シープ」それ自体の否定につながるとまでは読みきれなかったのだ。

しかしこれはまったくの後知恵というもので、十九世紀のこの変化を読みきれなかったことで、ベイクウェルを非難するのは酷というものだろう。実際ニュー・レスター種の人気はベイクウェルの死後もしばらく続く。そして「パスチャ・シープ」の時代の終焉につながる右記の視点を品種改良にはじめて持ち込んだ功績自体は、このことで相殺されるわけではない。彼はたしかに、食肉生産の近代化のなかで、一つの時代を切り開いたのだ。

最後になるが、本書を執筆するうえでさまざまな方にご助力をいただいた。前作の場合も同様だったが、大学の同僚からはさりげない会話のなかでさまざまな示唆をいただいた。おそらく本人たちは筆者に示唆を与えたことすら自覚していないだろう。しかしそうした彼らとの会話がどれだけ筆者の発想の助けとなったか。大学という場で彼らとともに働けることに感謝したい。

そして平凡社新書編集部の保科孝夫氏。保科氏とは『菊と刀』(平凡社ライブラリー)の翻訳以来の付き合いだが、今回の仕事では本当にご迷惑、ご心配をおかけした。なんと言っても、企画書を提出してから原稿を書き上げるまでに二年半かかってしまったのだ。その間、鷹揚な態度で待ちつづけていただいた。その辛抱がなければ、この作品が日の目を見ることはなかっただろう。保科氏にはこの場を借りて感謝の言葉を贈りたい。

二〇一八年一月

越智敏之

コンドルセ／渡辺誠訳『人間精神進歩史』第一部・第二部、岩波文庫、1951年。

ダーウィン、チャールズ／渡辺政隆訳『種の起源』上・下、光文社古典新訳文庫、2009年。

ヒポクラテス／小川政恭訳『古い医術について』、岩波文庫、1963年。

プラトン／藤沢令夫訳『国家』上・下、岩波文庫、2008年。

ヘシオドス／中務哲郎訳『ヘシオドス全作品』、京都大学学術出版会、2013年。

モア、トマス／平井正穂訳『ユートピア』、岩波文庫、2011年。

ルソー、ジャン＝ジャック／中山元訳『人間不平等起源論』、光文社電子書店、2013年。

——／今野一雄訳『エミール』上・中・下、岩波文庫、2007年。

Stanley, Pat. *Robert Bakewell and the Longhorn Breed of Cattle*. Ipswich, 1995.

Stuart, Tristram. *The Bloodless Revolution*. London, 2006.

The Mabinogion. trans. by Charlotte E. Guest. New York, 1997.

Thirsk, Joan. *Horses in Early Modern England: for Service, for Pleasure, for Power*. University of Reading, 1978.

——. "Making a Fresh Start: Sixteenth-Century Agriculture and the Classical Inspiration," *Culture and Cultivation in Early Modern England*, ed. by Michael Leslie and Timothy Raylor. New York, 1992.

——. "Plough and Pen: Agricultural Writers in the Seventeenth Century," *Social Relations and Ideas*, ed. By T. H. Aston, P. R. Coss, Christopher Dyer and Joan Thirsk. Cambridge, 1983.

Trow-Smith, Robert. *A History of British Livestock Husbandry to 1700*. Oxford, 1957.

——. *A History of British Livestock Husbandry, 1700 – 1900.* Oxford, 1959.

Turner, Michael. *English Parliamentary Enclosure*. Folkestone, 1980.

Tusser, Thomas. Five Hundred Points of Good Husbandry. London, 1812.

Whittle, Jane and Elizabeth Griffiths. *Consumption and Gender in the Early Seventeenth Century Household*. Oxford, 2013.

Wilson, C. Anne. *Food and Drink in Britain*. Chicago, 1973.

Wood, Roger J. and Vítězslav Orel. *Genetic Prehistory in Selective Breeding: a Prelude to Mendel*. Oxford, 2001.

Wykes, David. "Robert Bakewell (1725–1795) of Dishley: Farmer and Livestock Improver," *The Agricultural History Review*, 52; 1, 2004.

Young, Arthur. *The Farmer's Tour through the East of England*. London, 1771.

——. "A Ten Days' Tour to Mr. Bakewell's," *Annals of Agriculture,* 6. 1786.

邦文翻訳文献

オウィディウス／中村善也訳『変身物語』上・下、岩波文庫、1981年。

1765–1798. Oxford, 2002.

Overton, Mark. *Agricultural Revolution in England: The Transformation of the Agrarian Economy 1500 – 1850*. Cambridge, 1996.

Passmore, John. *The Perfectibility of Man*. Indianapolis, 2000.

Pawson, H. C.. *Robert Bakewell: Pioneer Livestock Breeder*. London, 1957.

Pearson, Paul N.. "In Retrospect," *Nature* 425, 2003.

Plutarch. *The Morals with an Introduction by Ralph Waldo Emerson*. trans. by William W. Goodwin, 1878.

Poynter, F. N. L.. *A Bibliography of Gervase Markham 1568?–1637.* Oxford, 1962.

Pope, Alexander. *The Complete Poetical Works of Alexander Pope*. New York, 1903.

Power, E. *Wool Trade in English Mediaeval History*. Oxford, 1941.

Priestley, Joseph. *An Essay on the First Principles of Government*. Cambridge, 2013.

Redhead, W. and R. Laing. "Observations on a Sheep Tour," *Annals of Agriculture*, 20, 1793.

Rice, Victor Arthur. *Breeding and Improvement of Farm Animals*. New York, 1926.

Rural Economy in Yorkshire in 1641: Being the Farming and Account Books of Henry Best, of Elmswell, in the East Riding of the County of York. Edinburgh, 1857.

Russell, Nicholas. *Like Engend'ring Like: Heredity and Animal Breeding in Early Modern England*. Cambridge, 1986.

Ryder, M. L.. "The History of Sheep Breeds in Britain," *The Agricultural History Review*, 12, 1964.

Shakespeare, William. *The Riverside Shakespeare*. ed. by G. Blakemore Evans, Boston, 1972.

Shaw, Teresa M.. *The Burden of the Flesh: Fasting and Sexuality in Early Christanity*. Minneapolis, 1998.

Shelley, Mary Wollstonecraft. *Frankenstein*. ed. by Johanna M. Smith. Boston, 2000.

Sinclair, John. *The Code of Agriculture; Including Observations on Gardens, Orchards, Woods and Plantations*. London, 1832.

Girouard, Mark. *The English Town*. New Haven, 1990.

Godwin, William. *An Enquiry Concerning Political Justice*. Oxford, 2013.

Haldane, A. R. B.. *The Drove Roads of Scotland*. London, 1952.

Hartlib, Samuel. *Samuel Hartilib his Legacie, or, an Enlargement of the Discourse of Husbandry used in Brabant and Flaunders Wherein Are Bequeathed to the Common-wealth of England*, London, 1652.

Holroyd, John. *Observations on the Commerce of the American States*. London, 1784.

Hutton, James. *An Investigation of the Principles of Knowledge: and of the Progress of Reason, from Sense to Science and Philosophy*, 3 vols. London, 1794.

Jerome. *Against Jovinianus*. New York, 1892.

Lawrence, John. "Robert Bakewell," *The Annual Necrology, for 1797–8; Including, Also, Various Articles of Neglected Biography*. London, 1800.

——. *A General Treatise on Cattle, the Ox, the Sheep, and the Swine*. London, 1805.

Lisle, Edward. *Observations in Husbandry*. London, 1757.

Lloyd, G. E. R., ed. *Hippocratic Writings*. London, 1983.

Lucas, Joseph, ed. *Kalm's Account of His Visit to England on His Way to America in 1748*. London, 1892.

Malthus, Thomas. *An Essay on the Principle of Population*. London, 1798.

Markham, Gervase. *Cavalarice or the English Horseman*, London, 1625.

——. *Cheap and Good Husbandry*, 8th edn. London, 1653.

Marshall, William. *The Rural Economy of Yorkshire*, 2 vols., London, 1788.

——. *The Rural Economy of the Midland Counties*, 2 vols. London, 1790.

Misson, Henri. *M. Misson's Memoirs and Observations in his Travels over England, with Some Account of Scotland and Ireland*, trans. by J. Ozell. London, 1719.

O'donnell, Ronan. *Assembling Enclosure: Transformations in the Rural Landscape of Post-medieval North-East England*. Hertfordshire, 2015.

Orde, Anne, ed. *Matthew and George Culley Travel Journals and Letters*

参考文献

英文資料

Allison, K. J.. "Flock Management in the Sixteenth and Seventeenth Centuries," *Economic History Review*, 2nd series, 11, 1958.

Aristotle. *Generation of Animals*, trans. by A. L. Peck. Boston, 1911.

Beal, John. "Some Inquiries and Suggestions Concerning Salt for Domestik Uses; and Concerning Sheep, to Preserve them, and to Improve the Race of Sheep for Hardiness, and the Finest Drapery. In a Letter from Doctor John Beal to the Publisher," *Philosophical Transactions*, Vol.9., 1674.

Blith, Walter. *The English Improver Improved*. London, 1653.

Blundeville, Thomas. *The Fower Chiefyst Offices Belonging to Horsemanshippe*. London, 1565.

Bowden, P. J.. "Wool Supply and the Woollen Industory," *Economic History Review*, 2nd series, 9, 1956.

Bradley, Richard. *The Gentleman and Farmer's Guide for the Increase and Improvement of Cattle*. London, 1729.

Cavendish, William. *A New Method, and Extraordinary Invention, to Dress Horses, and Work Them According to Nature*. London, 1667.

Columella, L. J. M.. *On Agriculure*, 3 vols, trans. by Harrison Boyd Ash, E. S. Forster and Edward H. Heffner. Boston, 1941, 1954, 1955.

Culley, George. *Observations on Live Stock*, the American Edition. New York, 1804.

Darwin, Charles. *The Variation of Animals and Plants under Domestication*, 2 vols. London, 1868.

Davidson, Jenny. *Breeding: a Partial History of the Eighteenth Century*. New York, 2009.

Evelyn, John. *Acetaria: a Discourse of Sallets*. New York, 1937.

Fitzherbert, Master. *The Boke of Husbandry.* London, 1882.

【著者】
越智敏之（おち としゆき）
1962年、広島県生まれ。早稲田大学大学院文学研究科英文学専攻修士課程修了。現在、千葉工業大学教授。専攻、シェイクスピア、アメリカ社会。著書に、『魚で始まる世界史』（平凡社新書）、訳書に、ルース・ベネディクト『菊と刀』（共訳、平凡社ライブラリー）などがある。

平凡社新書868

イギリス肉食革命
胃袋から生まれた近代

発行日——2018年3月15日　初版第1刷

著者————越智敏之
発行者———下中美都
発行所———株式会社平凡社
東京都千代田区神田神保町3-29　〒101-0051
電話　東京（03）3230-6580［編集］
　　　東京（03）3230-6573［営業］
振替　00180-0-29639
印刷・製本—株式会社東京印書館
装幀————菊地信義

ISBN978-4-582-85868-6
NDC分類番号230.5　新書判（17.2cm）　総ページ256
平凡社ホームページ　http://www.heibonsha.co.jp/